化工安全管理与风险控制实务

蔡振航　何　方　著

哈尔滨出版社

HARBIN PUBLISHING HOUSE

图书在版编目（CIP）数据

化工安全管理与风险控制实务 / 蔡振航，何方著.
哈尔滨：哈尔滨出版社，2024.8. -- ISBN 978-7-5484-
8127-0

Ⅰ. TQ086

中国国家版本馆 CIP 数据核字第 2024DN6972 号

书　　名：化工安全管理与风险控制实务
HUAGONG ANQUAN GUANLI YU FENGXIAN KONGZHI SHIWU
作　　者：蔡振航　何　方　著
责任编辑：刘　硕
封面设计：赵庆旸
出版发行：哈尔滨出版社（Harbin Publishing House）
社　　址：哈尔滨市香坊区泰山路 82-9 号　　邮编：150090
经　　销：全国新华书店
印　　刷：北京鑫益晖印刷有限公司
网　　址：www. hrbcbs. com
E - mail：hrbcbs@yeah. net
编辑版权热线：（0451）87900271　87900272
销售热线：（0451）87900202　87900203
开　　本：787mm×1092mm　1/16　印张：12　字数：263 千字
版　　次：2024 年 8 月第 1 版
印　　次：2024 年 8 月第 1 次印刷
书　　号：ISBN 978-7-5484-8127-0
定　　价：48. 00 元
凡购本社图书发现印装错误，请与本社印制部联系调换。
服务热线：（0451）87900279

前　言

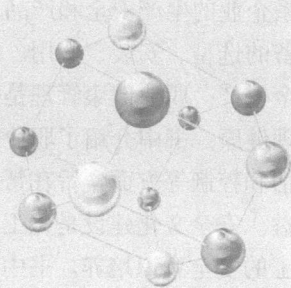

在当今社会，化工安全关乎国计民生。随着科技的不断进步和经济的飞速发展，化工行业已成为国民经济的重要支柱产业之一。然而，化工生产过程中的高风险性和复杂性，使化工安全管理与风险控制显得尤为重要。如何有效保障化工企业的安全生产，预防和减少事故的发生，已成为化工行业亟待解决的问题。为此，我们编写了这本书，旨在为化工行业的安全管理工作提供实用的指导和参考。

化工安全管理与风险控制是现代企业安全生产的重要保障，它涉及化工生产的各个环节和方面，需要综合运用管理、技术、法规等多方面的知识和方法。本书从化工安全管理的基础理论出发，深入探讨了危化品管理、隐患排查以及油库和危化品仓储安全等，力求全面、系统地介绍化工安全管理的各个方面。

本书从化工安全管理的重要性入手，阐述了化工安全管理的发展历程和法律法规体系。化工生产过程中的高温、高压、易燃、易爆等特点，决定了化工安全管理的重要性和紧迫性。通过介绍化工安全管理的发展历程，我们可以更好地了解化工安全管理的演变过程和发展趋势；通过介绍化工安全管理的法律法规体系，我们可以更好地了解化工安全管理的法律要求和规范标准，为化工企业的安全管理工作提供有力的法律支持。

本书详细介绍了危化品管理的内容。危化品是化工生产的重要组成部分，其管理的好坏直接关系到企业的安全生产。本书从危化品的基础知识、分类、生产、储存、使用以及废弃处理等方面进行了详细介绍，帮助读者全面了解危化品管理的要点和方法。同时，本书还结合了大量的实际案例，分析了危化品管理中存在的问题和不足，提出了相应的改进措施和建议，为企业的危化品管理工作提供参考。

在隐患排查方面，本书系统介绍了隐患排查的基本概念、原则、方法与步骤，以及治理措施与要求。隐患排查是化工安全管理的重要环节之一，它能够帮助企业及时发现和消除潜在的安全隐患，防止事故的发生。书中详细介绍了隐患排查的各个环节和步骤，包括隐患的识别、评估、整改和复查等，使读者能够全面了解和掌握隐患排查的方法和技巧。同时，本书还强调了隐患排查的持续性和动态性，要求企业建立健全隐患排查的长效机制，确保企业的安全生产。

除了危化品管理和隐患排查，书中还涉及化工设备安全管理、职业健康管理，以及安全文化建设等方面的内容。化工设备是化工生产的重要工具，其安全状况直接关系企业的生产安全和产品质量。书中介绍了化工设备的安全管理要求和措施，包括设备的选型、安装、使用、维护和报废等方面，旨在帮助企业确保设备的正常运行和安全生产。职业健康管理是化工安全管理的重要组成部分，它关注员工的身体健康和心理健康。书中介绍了职业健康管理的基本要求和措施，包括职业危害因素的识别、评估和控制等方面，旨在帮助企业降低职业危害因素对员工的影响，保障员工的健康权益。安全文化建设是化工安全管理的重要保障之一，它强调企业的安全文化建设和员工的安全意识培养。书中介绍了安全文化建设的基本要求和措施，包括安全文化的理念、制度等方面，旨在帮助企业建立积极的安全文化氛围，提高员工的安全意识和素质。

　　本书内容丰富、实用性强，既适合化工企业安全管理人员阅读，也可作为高等院校相关专业的教学参考书。本书旨在帮助读者全面了解化工安全管理的各个方面，提升企业的安全管理水平，为化工行业的安全生产提供有力的保障。

目　录

第一章 化工安全管理概述

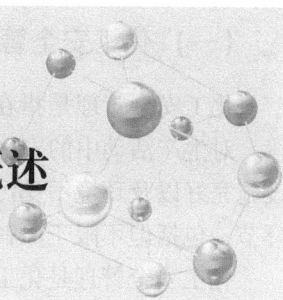

化工产业已成为国民经济的重要支柱产业，其安全管理至关重要。随着化学工业的发展，涉及的化学物质的种类和数量显著增加。其使用的原料、中间体甚至产品本身，有70%以上具有易燃、易爆、有毒、有害和有腐蚀性的特性，生产过程中大多在高温、高压、有毒条件下进行，经常因处理不当而发生事故。因此，化工风险控制的重要性不言而喻。

第一节 化工安全管理的意义与重要性

随着化工过程日益向装置规模大型化，工艺参数提高，过程连续化、自动化的方向发展，化学品事故的后果也越来越呈现出瞬间性、大规模化和灾难性的特点。虽然事故发生频率降低，但是，事故影响加大，对我国经济发展很不利。灾害性爆炸事故、火灾事故、大范围人群中毒事故频繁发生。与其他方面的事故相比，危险化学品事故"死亡不多但影响严重，事故不大但波及范围广，伤害不重但后患无穷"，相关专家说"危化"隐患"一旦出事，都非小事"，而且化工企业大多在城镇附近，一旦发生恶性事故，危害极大，所造成的严重后果和社会影响远远超过事故本身，不但造成劳动者的伤亡和企业的经济损失，还会严重地污染、破坏环境，常常在一定范围内引起群体性、社会性问题，影响社会稳定大局。

特别是化学工业和核工业一样，发生的事故有可能造成社会、生态灾难，且影响可能持续数十年或更久，贻害子孙后代，而要消除事故后果，则需付出极大的代价。因此，要求化工企业在发展的前提下必须强化企业的安全管理，建立、健全长效的安全管理机制，促进企业的健康、稳定、持续发展。

一、化工安全管理的基本概念

化工安全管理是确保化工生产过程中人员安全、设备完整、环境无污染的重要管理活动。随着化工行业的快速发展，化工生产过程中的安全问题日益突出，因此，对化工安全管理的需求也日益迫切。下面将详细阐述化工安全管理的基本概念，包括其定义、内涵、目标以及其在化工行业中的地位和作用。

（一）化工安全管理的定义

化工安全管理是指在化工生产过程中，运用组织、计划、协调、控制和监督等手段，对生产活动中的安全风险进行预防、减少或消除，从而确保人员生命安全、设备设施完好以及环境不受污染的系统性管理活动。这一管理过程贯穿于化工生产的各个环节，包括但不限于原料采购、生产加工、产品储存和运输等。

化工安全管理是化工行业稳定、持续发展的基石，它不仅关系到企业的经济效益，更直接关系到员工的生命安全和社会的和谐稳定。在化工生产过程中，由于涉及的原材料、中间产物和产品具有易燃、易爆、有毒、有害等特性，一旦发生事故，后果十分严重。因此，化工安全管理的重要性不言而喻。

（二）化工安全管理的内涵

化工安全管理的内涵十分丰富，涵盖多个方面，具体包括：

1. 安全风险管理

安全风险管理是化工安全管理的核心。它要求对化工生产过程中可能出现的各种安全风险进行全面识别、科学评估，并采取相应的控制措施，以降低事故发生的概率和影响程度。这包括对设备设施的安全性能进行定期评估，对生产工艺的安全性进行审查和优化，以及对生产过程中可能产生的有害物质进行有效管理和控制。

2. 安全制度和规章的制定与执行

化工安全管理需要建立和完善一套完整的安全制度和规章制度，确保各项安全管理工作有章可循、有据可查。这些制度包括但不限于安全生产责任制、安全操作规程、安全检查制度等。同时，还需要加强对制度执行情况的监督检查，确保各项制度得到严格执行，不留死角。

3. 安全培训和教育

员工是化工生产的主体，他们的安全意识和安全技能水平直接关系到企业的安全生产。因此，化工安全管理必须重视安全培训和教育。这包括对新员工进行必要的入职安全培训，使他们对化工生产的安全风险有基本的认识；对在岗员工进行定期的安全教育和培训，提高他们的安全意识和应对风险的能力；以及对特种作业人员进行专业培训，确保他们具备相应的安全操作技能。

4. 应急管理和救援

尽管我们希望化工生产过程中不要发生事故，但事故的发生总是难以完全避免。因此，化工安全管理必须做好应急管理和救援的准备工作。这包括制定科学合理的应急预案，明确应急响应程序和救援措施；建立应急队伍，提高应急救援能力；配备必要的应急设备和物资，确保在发生事故时能够迅速、有效地进行应急处理和救援工作。

5. 安全文化和安全氛围建设

安全文化和安全氛围是化工安全管理的软实力。通过营造积极的安全文化和安全氛围，可以使员工从内心深处认识到安全的重要性，自觉遵守安全规章制度，关注安全生产问题，共同维护企业的安全稳定。这包括加强安全宣传教育，提高员工的安全意识；开展安全文化建设活动，增强员工的安全责任感和使命感；建立安全奖惩机制，激励员工积极参与安全管理工作等。

化工安全管理是一项系统性、综合性极强的工作。它不仅需要科学的管理方法和手段，更需要全员参与、共同努力。只有这样，才能确保化工生产的安全稳定，实现企业的可持续发展。

（三）化工安全管理的目标

化工安全管理的目标是通过实施一系列管理措施和手段，实现以下目标：

1. 保障人员生命安全

确保化工生产过程中员工的生命安全不受威胁，防止因安全事故导致人员伤亡。

2. 维护设备设施完好

确保化工生产设备设施处于良好的运行状态，防止因设备故障导致安全事故。

3. 保护环境不受污染

通过减少或消除化工生产过程中产生的有害物质排放，保护环境免受污染。

4. 提高生产效率和经济效益

通过优化生产流程、降低能耗和减少事故损失等措施，提高化工生产的效率和经济效益。

（四）化工安全管理在化工行业中的地位和作用

化工安全管理在化工行业中具有举足轻重的地位和作用。首先，化工安全管理是保障化工行业可持续发展的基础。随着社会对安全生产的要求越来越高，化工企业必须加强安全管理，才能赢得市场信任和支持。其次，化工安全管理是维护企业稳定运行的重要保障。一旦发生安全事故，不仅会造成人员伤亡和财产损失，还会影响企业的声誉和形象，甚至可能导致企业倒闭。因此，加强化工安全管理对于维护企业稳定运行具有重要意义。最后，化工安全管理是提升企业核心竞争力的重要手段。通过实施有效的安全管理措施和手段，可以提高企业的安全生产水平和管理能力，增强企业的综合竞争力。

总之，化工安全管理是确保化工生产过程安全稳定的重要保障。只有加强化工安全管理工作，才能有效预防和减少安全事故的发生，保障人员生命安全、设备设施完好、环境不受污染，推动化工行业的健康可持续发展。

二、化工事故的类型与原因分析

化工事故是指在化工生产过程中，由于各种原因导致的人员伤亡、财产损失或环境污染等不幸事件。这些事故不仅给企业带来巨大经济损失，还严重威胁到员工的生命安全和社会环境的稳定。因此，深入分析化工事故的类型和原因，对于预防和减少事故的发生具有重要意义。

（一）化工事故的类型

化工事故的类型多种多样，根据事故的性质和影响范围，可以将其分为以下几类：

1. 爆炸事故

由于化学反应失控、设备故障或操作失误等原因引发的爆炸，往往会造成严重的人员伤亡和财产损失。例如，2015年发生在山东某化工厂的重大爆炸事故，就是生产过程中违规操作导致的。

2. 泄漏事故

化工生产过程中，由于设备老化、操作失误或管理不善等原因，导致有毒有害物质泄漏，对人员和环境造成危害。例如，2014年发生在江苏某化工厂的氯气泄漏事故，导致多人中毒和周边环境的严重污染。

3. 火灾事故

化工生产过程中，由于设备故障、电气火花或违规操作等原因引发的火灾，不仅会造成设备损坏和财产损失，还可能引发爆炸等严重后果。

4. 中毒事故

化工生产过程中，由于有毒有害物质的泄漏或挥发，导致员工吸入或接触后中毒，严重时甚至危及生命。例如，2013年发生在广东某化工厂的苯泄漏中毒事故，导致多名员工中毒住院。

5. 其他事故

除了上述几种常见类型外，还有一些其他类型的化工事故，如设备损坏、停电停水等，虽然影响范围较小，但也会对生产造成一定的影响。

（二）化工事故的原因分析

化工事故的发生往往是由多种因素共同作用的结果。通过对事故原因的深入分析，主要有以下几个方面：

1. 人的因素

人为操作失误、安全意识淡薄、违规操作等是导致化工事故的主要原因之一。例如，操作员未按照规定操作进行操作，或者在疲劳、注意力不集中等状态下工作，都可能导致事故的发生。

2. 设备因素

设备故障、老化或维护不当也是导致化工事故的重要原因。例如，设备长期运行导致磨损严重，或者未及时进行维修和更换，都可能引发泄漏或爆炸等事故。

3. 管理因素

企业安全管理体系不完善、安全培训不足、应急预案缺失等管理问题也是导致化工事故的重要原因。例如，企业未建立健全的安全管理制度和规章制度，或者对员工的安全培训不到位，都可能导致员工安全意识薄弱和操作不规范，进而引发化工事故。

4. 环境因素

自然环境因素如雷电、地震等也可能引发化工事故。除此之外，化工生产过程中的化学反应也可能受到温度、压力等环境因素的影响而失控，导致事故的发生。

5. 其他因素

除了以上几个主要因素外，还有一些其他因素也可能导致化工事故的发生，如原材料质量问题、生产工艺缺陷等。

（三）总结与建议

通过对化工事故的类型和原因进行深入分析，我们可以发现，化工事故的发生往往是由多种因素共同作用的结果。为了预防和减少化工事故，我们应该采取以下措施：

1. 加强人的因素管理

增强员工的安全意识和操作技能水平，加强安全培训和教育工作，确保员工能够熟练掌握操作规程和安全知识。

2. 强化设备维护与管理

定期对设备进行维护和检查，及时发现和处理设备的故障和隐患，确保设备的正常运行和安全性能。

3. 完善安全管理体系

建立健全的安全管理体系和规章制度，明确各级人员的职责和权限，加大安全监管和考核力度，确保各项安全管理措施得到有效执行。

4. 提高应急处理能力

制定完善的应急预案和救援体系，加强应急演练和培训，提高员工应对突发事件的能力和水平。

5. 加强环境保护意识

强化环保意识，减少有毒有害物质的排放和泄漏，积极采取环保措施和技术手段，保护环境和生态安全。

总之，预防和减少化工事故需要全社会的共同努力。只有加强安全管理、增强员工安全意识、强化设备维护与管理、完善安全管理体系和提高应急处理能力等措施得到有效落实和执行，才能确保化工生产的安全稳定和可持续发展。

三、加强化工企业安全管理的重要性

化工是我国国民经济的支柱产业。但化工生产往往具有高温、高压、易燃、易爆、有毒、有害的特点，任何一项设备隐患、制度缺失、工作疏忽或个人违章行为，都可能造成安全事故。实际上，一个化工厂从建立到生产出产品，包括环境评价、产品和生产装置的安全性评价、劳动保护评价等环节。否则，这些企业虽然表面上可以赢利，但实际会造成各种各样的隐患。因此，目前国家仅有环保局和安全生产办公室来进行相应的管理是远远不够的，需要形成一个良好的制度，如引入行业协会等来对这些小企业进行有效的监管。

安全生产是化工生产的前提。由于化工生产中易燃、易爆、有毒、有腐蚀性的物质多，高温、高压设备多，工艺复杂，操作要求严格，如果管理不当或生产中出现失误，就可能发生火灾、爆炸、中毒或灼伤等事故，影响到生产的正常进行。轻则影响到产品的质量、产量和成本，造成生产环境的恶化；重则造成人员伤亡和巨大的经济损失，甚至毁灭整个工厂。无数事故事实告诉我们，没有坚实的安全生产基础，现代化工就不可能健康正常地发展。

安全生产是化工生产的保障。要充分发挥现代化的优势，必须实现安全生产，确保装置长期、连续、安全地运行。一旦发生事故，生产装置将无法正常运行，影响生产能力，造成一定的经济损失。安全生产是化工生产的关键。化工新产品的开发、试生产必须解决安全生产问题，否则无法进行实际生产。

坚持以邓小平理论和"三个代表"重要思想为指导，全面贯彻落实科学发展观，坚持"以人为本"和"安全发展"的科学理念，坚持"安全第一，预防为主，综合治理"的方针，以国家安全生产法律法规和标准为依据，明确工作目标和任务，坚持标本兼治、重在治本，切实做好化工企业安全基础管理工作，进一步减少事故总量，控制和减少较大以上事故，促进化工企业安全、环保、科学地发展。

通过加强化工企业安全基础管理工作，建立安全生产条件不断完善、安全管理制度逐渐规范、从业人员素质持续提高、安全生产主体责任落实到位的企业安全生产的长效机制。

通过加强企业安全基础管理工作，企业安全生产条件和作业环境得到明显改善，事故防范和控制能力及企业本质安全水平进一步提升，安全生产事故数量、伤亡人数和经济财产损失明显下降，始终处于良好的安全受控运行状态。

通过加强企业安全基础管理工作，规范企业建设项目安全管理，确保建设项目的安全设施与主体工程同时设计、施工，并投入生产和使用，保证化工建设项目投料试车安全和建成后的长期安全、稳定生产。

第二节 化工安全管理的法律法规体系

一、化工安全管理的法律法规

化工安全管理法律法规是确保化工生产过程安全、保护环境、维护工人权益的重要法律依据。这些法律法规的制定和执行，对于预防和减少化工事故、保障人民生命财产安全具有至关重要的作用。下面将详细阐述化工安全管理的法律法规体系、主要法律法规内容及其执行与监督机制，并探讨法律法规在化工安全管理中的作用与挑战。

（一）化工安全管理的法律法规体系

化工安全管理的法律法规体系是一个多层次、多维度的复杂系统，包括国家法律法规、地方性法规、部门规章及企业安全管理制度等。这些法律法规相互衔接、互为补充，共同构成了化工安全管理的法治基础。

国家法律法规：包括《中华人民共和国安全生产法》《中华人民共和国环境保护法》《中华人民共和国职业病防治法》等，这些法律法规从宏观层面对化工安全管理提出基本要求，明确了化工企业的法律责任和义务。

地方性法规：各地方政府根据本地区的实际情况，制定了一系列地方性法规，如《××省安全生产条例》《××市环境保护条例》等，进一步细化了国家法律法规的具体要求，增强了法律法规的针对性和可操作性。

部门规章：国务院及其有关部门制定了一系列部门规章，如《危险化学品安全管理条例》《化工企业安全生产管理规定》等，这些规章对化工安全管理的具体环节和要求进行了详细规定，为化工企业的安全管理提供了具体指导。

企业安全管理制度：化工企业应依据国家法律法规和部门规章的要求，结合本企业的实际情况，制定和完善企业内部的安全管理制度，如《安全生产责任制》《安全操作规程》等，确保企业安全管理工作有章可循、有据可查。

（二）主要法律法规内容及其执行与监督机制

《中华人民共和国安全生产法》：该法规定了化工企业的安全生产责任制、安全生产条件、安全生产教育和培训、安全生产检查等方面的内容。为确保该法的有效执行，各级政府设立了安全生产监督管理部门，负责对企业进行监督检查和行政执法。

《中华人民共和国环境保护法》：该法明确了化工企业的环境保护责任和义务，包括减少污染物排放、保护生态环境等。环保部门负责对企业的环保工作进行监管和执法，对违法违规行为进行处罚。

《中华人民共和国职业病防治法》：该法规定了化工企业在职业病防治方面的责任和义务，包括提供符合要求的劳动条件、开展职业健康检查等。卫生健康部门负责对企业职业病防治工作进行监管和执法。

这些法律法规的执行与监督机制主要包括政府部门的监督检查、行政处罚、刑事责任追究等。同时，企业也应建立健全内部安全管理机制，加强自查自纠和隐患排查治理，确保各项法律法规得到有效执行。

（三）法律法规在化工安全管理中的作用与挑战

法律法规在化工安全管理中发挥着至关重要的作用。首先，法律法规为化工安全管理提供了明确的行为准则和法律依据，有助于规范企业的安全管理行为。其次，法律法规的强制执行和监督机制有助于确保企业切实履行安全管理责任，预防和减少化工事故。最后，法律法规还能保障工人的权益和安全，促进化工行业的可持续发展。

然而，法律法规在化工安全管理中也面临着一些挑战。首先，随着化工行业的快速发展和技术进步，法律法规需要不断更新和完善以适应新的安全风险和环保要求。其次，法律法规的执行和监督受到多种因素的影响，如政府部门的人力物力投入、执法力度等，这些因素可能导致法律法规的执行效果不佳。除此之外，一些企业可能出于经济利益考虑而忽视法律法规的要求，导致违法违规行为。

为应对这些挑战，需要采取以下措施：一是加强法律法规的宣传和普及工作，提高企业和员工对法律法规的认识和遵守意识；二是加大政府部门的执法和监督力度，对违法违规行为进行严厉打击和处罚；三是加强部门之间的协调配合和信息共享机制建设，形成合力共同推进化工安全管理工作；四是鼓励企业加强技术创新和管理创新，提高安全管理水平和环保水平。化工安全管理的法律法规是确保化工生产过程安全、保护环境、维护工人权益的重要法律依据。通过不断完善法律法规体系、加强执行与监督机制、有效应对挑战和采取相应措施，可以有效促进化工行业的安全稳定和可持续发展。

二、化工企业安全管理体系

化工企业安全管理体系是确保企业安全生产、防范和减少事故风险的重要保障。一个完善的安全管理体系不仅有助于提升企业的整体安全管理水平，还能有效保障员工生命安全和企业财产安全。下面将详细阐述化工企业安全管理体系的构建原则、核心要素及其运行机制，并探讨如何优化和完善这一体系以更好地适应企业发展和市场需求。

（一）化工企业安全管理体系的构建原则

构建化工企业安全管理体系应遵循以下几个基本原则：

法规遵从原则：安全管理体系的构建必须符合国家法律法规和相关标准的要求，确保企业的安全管理行为合法合规。

系统性原则：安全管理体系应覆盖企业的各方面和层次，形成一个完整的安全管理网络，确保各项安全管理措施能够相互衔接、协同作用。

风险预控原则：安全管理体系应以风险预控为核心，通过风险评估、风险控制等措施，有效预防和减少事故的发生。

全员参与原则：安全管理体系的建设和运行需要全员参与，企业应强化员工的安全意识，加强培训教育，确保每位员工都能履行安全管理职责。

持续改进原则：安全管理体系应不断适应企业发展和市场需求的变化，通过持续改进和优化，提升安全管理水平和绩效。

（二）化工企业安全管理体系的核心要素

化工企业安全管理体系的核心要素包括以下几个方面：

安全生产责任制：明确企业各级领导、部门和员工在安全生产中的职责和权限，形成责任明确、层级分明的安全生产责任体系。

安全生产规章制度：制定和完善安全生产规章制度，包括安全操作规程、安全检查制度、应急预案等，确保各项安全管理措施有章可循、有据可查。

安全生产教育和培训：加强员工的安全教育和培训，增强员工的安全意识和操作技能水平，培养具备良好安全素质的员工队伍。

安全生产检查与隐患排查治理：定期开展安全生产检查和隐患排查治理工作，及时发现和消除安全隐患，确保生产设施的安全可靠。

应急救援与事故处理：建立健全应急救援体系和事故处理机制，确保在发生事故时能够迅速响应、有效处置，最大限度地减少事故损失。

（三）化工企业安全管理体系的运行机制

化工企业安全管理体系的运行机制主要包括以下几个方面：

领导重视与推动：企业高层领导应高度重视安全管理工作，亲自挂帅、亲自推动，确保安全管理体系的有效运行。

部门协同与配合：各部门应明确职责、密切配合，形成合力共同推进安全管理工作，确保各项安全管理措施得到有效执行。

员工参与与反馈：鼓励员工积极参与安全管理工作，提供安全意见和建议，建立员工反馈机制，及时发现和解决安全管理中存在的问题。

监督检查与考核：加强对安全管理体系的监督检查和考核工作，确保各项安全管理措施得到有效执行和落实。

持续改进与优化：根据企业发展和市场需求的变化，不断优化和完善安全管理体系，提升安全管理水平和绩效。

（四）优化和完善化工企业安全管理体系的建议

为优化和完善化工企业安全管理体系，提出以下建议：

加强法律法规的学习和宣传，确保企业安全管理行为合法合规。

深化风险评估和控制工作，建立健全风险预警和应急响应机制。

强化员工安全教育和培训，提高员工的安全意识和操作技能水平。

引入先进的安全管理技术和方法，提升企业安全管理水平和绩效。

加强与政府部门和行业协会的沟通与合作，共同推进化工行业的安全稳定发展。

总之，化工企业安全管理体系是确保企业安全生产、防范和减少事故风险的重要保障。通过构建科学合理的安全管理体系、加强运行机制的落实和优化完善等措施，可以有效提升企业的整体安全管理水平，保障员工生命安全和企业财产安全，促进化工行业的可持续发展。

三、化工事故责任追究与赔偿制度

化工事故往往伴随着严重的人员伤亡和财产损失，对受害者的权益保护和社会稳定产生深远影响。因此，建立健全化工事故责任追究与赔偿制度，对于维护受害者合法权益、促进企业安全生产、防止类似事故再次发生具有重要意义。下面将详细探讨化工事故责任追究与赔偿制度的构建原则、责任追究机制、赔偿制度及其完善方向。

（一）化工事故责任追究与赔偿制度的构建原则

公正公平原则：事故责任追究应公正公平，不受任何非法干预，确保事故责任的准确认定和追究。

依法追究原则：事故责任追究应依据相关法律法规进行，确保追究程序的合法性和有效性。

全面覆盖原则：赔偿制度应全面覆盖事故受害者，包括人身伤害、财产损失等，确保受害者得到及时、充分的赔偿。

（二）化工事故责任追究机制

责任主体认定：明确事故责任主体，包括企业、个人等，确保责任追究的准确性和有效性。

责任追究程序：建立健全事故责任追究程序，包括事故调查、责任认定、处罚执行等环节，确保追究过程的公正性和透明度。

行政处罚与刑事责任追究：对违法违规的企业和个人，依法进行行政处罚和刑事责任追究，形成有效的法律震慑。

（三）化工事故赔偿制度

赔偿范围与标准：明确赔偿范围和标准，包括人身伤害赔偿、财产损失赔偿等，确保受害者得到及时、充分的赔偿。

赔偿程序与机制：建立健全赔偿程序与机制，包括赔偿申请、审核、支付等环节，确保赔偿过程的便捷性和有效性。

资金来源与保障：设立专门的赔偿基金，确保赔偿资金的来源和稳定性，保障受害者能够及时获得赔偿。

（四）化工事故责任追究与赔偿制度的完善方向

加强法律法规建设：不断完善相关法律法规，提高事故责任追究与赔偿制度的法律效力和可操作性。

强化监管与执法力度：加强对化工企业的监管和执法力度，确保企业严格遵守安全生产规定，预防事故的发生。

完善赔偿机制：扩大赔偿范围，提高赔偿标准，确保受害者得到充分的赔偿。同时，建立健全赔偿基金管理制度，保障赔偿资金的安全和有效使用。

加强社会监督与参与：鼓励社会组织和公众积极参与化工事故责任追究与赔偿制度的监督和实施过程，提高制度的透明度和公信力。

化工事故责任追究与赔偿制度是维护受害者权益、促进企业安全生产、防止类似事故再次发生的重要保障。通过加强法律法规建设、强化监管与执法力度、完善赔偿机制以及加强社会监督与参与等措施，可以不断完善化工事故责任追究与赔偿制度，为化工产业的安全发展提供有力支撑。未来，随着科技的进步和社会的发展，化工事故责任追究与赔偿制度将面临新的挑战和机遇。因此，需要不断创新和完善相关制度，以适应新形势下的化工产业发展需求，为推动我国化工产业的持续健康发展提供有力保障。

第三节　化工安全法律法规的实践与应用

一、化工安全与环保的法律法规案例分析与解读

化工安全与环保的法律法规是确保化工产业健康、有序发展的重要保障。然而，在实际执行过程中，由于各种原因，违法违规现象时有发生。通过对这些典型案例的分析与解读，我们可以深入理解法律法规的实际应用，为企业和社会提供警示和借鉴。下面将选取几个具有代表性的化工安全与环保法律法规案例，进行深入剖析和解读。

（一）案例选取原则与背景介绍

在选取案例时，我们遵循了以下几个原则：案例具有代表性，能够反映化工安全与环保法律法规的核心问题；案例具有时效性，能够体现当前化工产业面临的主要挑战；案例具有教育意义，能够为企业和社会提供有益的启示。

（二）典型案例分析

1. 某化工厂环境污染案

案情简介：某化工厂在生产过程中未按照环保要求处理有毒物质，导致大量有毒物质排放至周边环境，引发严重的环境污染事件。

法律法规依据：《中华人民共和国环境保护法》《中华人民共和国水污染防治法》等。

处理结果：化工厂被责令停产整顿，并需支付巨额罚款；相关责任人受到刑事处罚。

案例解读：本案凸显了企业环保责任的重要性。化工企业在生产过程中必须严格遵守环保法规，采取有效措施防止污染排放，确保生产活动的环境友好性。

2. 某化工厂安全事故案

案情简介：某化工厂因安全管理不到位，导致一起重大火灾事故，造成人员伤亡和财产损失。

法律法规依据：《中华人民共和国安全生产法》《危险化学品安全管理条例》等。

处理结果：化工厂被吊销安全生产许可证，并需承担赔偿责任；相关责任人受到行政处分和刑事处罚。

案例解读：本案警示我们，化工企业必须高度重视安全生产工作，建立健全安全管理体系，加强员工安全培训，确保生产过程中的各项安全措施得到有效执行。

（三）法律法规解读与启示

通过对上述案例的分析，我们可以得出以下几点启示：

严格遵守法律法规：化工企业必须牢记法律法规的严肃性和不可违抗性，任何违法违规行为都将受到严厉惩处。

加强企业内部管理：化工企业应建立完善的安全生产与环境保护管理体系，强化内部监督和自查自纠机制，确保各项规定得到有效执行。

增强员工安全意识：化工企业应加强对员工的安全教育和培训，增强员工的安全意识和操作技能，确保生产过程中的安全稳定。

加大政府监管力度：政府部门应加大对化工企业的监管力度，定期开展执法检查和专项整治行动，及时发现和纠正违法违规行为。

通过对化工安全与环保法律法规案例的分析与解读，我们深刻认识到法律法规在化工产业发展中的重要作用。未来，我们应继续加强法律法规的宣传与教育，提高企业和公众的法律意识和遵法守规的自觉性；同时不断完善法律法规体系，提高法规的针对性和可操作性；还应加大监管力度和执法力度，确保各项规定得到有效执行。只有这样，我们才能为化工产业的可持续发展提供有力保障。

二、法律法规与化工企业安全文化的融合与促进

化工企业安全文化是指在化工企业中形成的，以安全为核心价值观，通过安全理念、安全行为、安全制度等多方面的因素影响和塑造员工的安全态度和行为的文化氛围。而法律法规则是确保化工企业安全运营的重要外部约束和保障。法律法规与化工企业安全文化的融合与促进，对于提升化工企业的整体安全水平、防范事故风险具有重要意义。

（一）法律法规对化工企业安全文化的影响

法律法规的强制性：法律法规具有强制性，要求化工企业必须遵守相关安全规定，否则将受到法律制裁。这种强制性有助于培养企业的安全意识和遵法守规的自觉性。

法律法规的引导性：法律法规通过明确安全标准和要求，引导化工企业建立健全安全管理体系，推动企业安全文化的形成和发展。

法律法规的规范性：规范的法律法规有助于化工企业形成统一的安全行为准则和操作规程，减少违规行为的发生，提升企业的安全管理水平。

（二）化工企业安全文化对法律法规执行的促进作用

安全文化的内化作用：化工企业安全文化能够将法律法规的要求内化为员工的行为准则，使员工自觉遵守安全规定，减少违规操作的可能性。

安全文化的预防作用：化工企业安全文化注重预防和风险管理，通过定期开展安全检查和隐患排查，及时发现和整改安全隐患，防止事故的发生。

安全文化的监督作用：化工企业安全文化鼓励员工之间相互监督、相互提醒，形成全员参与的安全监督机制，确保法律法规得到有效执行。

（三）法律法规与化工企业安全文化的融合策略

加强法律法规宣传与教育：化工企业应定期组织员工学习相关法律法规，提高员工的法律意识和遵法守规的自觉性。

建立健全安全管理体系：化工企业应按照法律法规的要求，建立健全安全管理体系，明确各级职责，确保各项安全制度得到有效执行。

强化安全文化建设与培训：化工企业应注重安全文化的培育和传承，通过定期开展安全培训、安全知识竞赛等活动，增强员工的安全意识和安全技能。

加强沟通与协作：化工企业应加强与政府部门的沟通与协作，及时了解法律法规的最新动态和要求，共同推动化工产业的安全发展。

选取几个在法律法规与化工企业安全文化融合方面取得显著成效的化工企业作为案例进行分析，探讨其成功经验和做法，为其他企业提供借鉴和参考。

法律法规与化工企业安全文化的融合与促进是提升化工企业整体安全水平的重要途径。通过加强法律法规宣传与教育、建立健全安全管理体系、强化安全文化建设与培训以及加强沟通与协作等策略的实施，可以推动化工企业安全文化的深入发展，为化工产业的可持续发展提供有力保障。未来，随着法律法规的不断完善和安全文化的深入人心，化工企业的安全水平将得到进一步提升。

三、法律法规在化工事故应急响应与危机管理中的应用

化工事故由于其突发性、复杂性和潜在的危险性，往往会给人们的生命财产安全带来严重威胁。在化工事故应急响应与危机管理中，法律法规扮演着至关重要的角色。它不仅为应急响应提供了明确的指导和规范，还为危机管理提供了法律保障和支撑。下面将详细探讨法律法规在化工事故应急响应与危机管理中的应用，分析其作用、挑战及改进策略。

（一）法律法规在化工事故应急响应中的应用

应急预案的制定与执行：根据《中华人民共和国安全生产法》《危险化学品安全管理条例》等法律法规，化工企业需制定完善的应急预案，明确应急组织、应急资源、应急流程等。在应急响应过程中，企业需按照预案要求迅速启动应急机制，确保事故得到及时有效处理。

事故报告与信息披露：根据《生产安全事故报告和调查处理条例》等法规，化工企业在发生事故后需立即报告相关部门，并按照规定披露事故信息。这有助于政府部门及时了解事故情况，调动资源进行救援，同时也有助于公众了解事故真相，避免恐慌和误解。

应急资源的调配与使用：法律法规明确规定了应急资源的调配与使用原则，如《中华人民共和国突发事件应对法》规定，政府部门在突发事件发生时，有权调动和使用各种应急资源。在化工事故应急响应中，政府部门需根据事故情况和法律法规要求，

合理调配和使用应急资源，确保救援工作的顺利进行。

（二）法律法规在化工事故危机管理中的应用

危机预防与准备：法律法规要求化工企业加强危机预防和准备工作，如定期进行风险评估、制订危机应对计划等。这有助于企业及时发现和消除潜在的安全隐患，减少事故发生的可能性。

危机应对与处置：在化工事故发生后，法律法规为危机应对和处置提供了指导和规范。企业需按照法律法规要求，迅速启动危机应对机制，采取有效措施控制事故发展，减少损失和影响。

危机恢复与重建：事故处理完毕后，法律法规要求企业开展危机恢复与重建工作，如修复受损设施、恢复生产等。同时，企业还需关注员工心理疏导和社会形象修复等方面的工作，以尽快恢复正常的生产经营秩序。

（三）法律法规应用的挑战与改进策略

挑战：当前，法律法规在化工事故应急响应与危机管理中的应用仍面临一些挑战，如法律法规体系不完善、执行力度不够、企业法律意识不强等。这些挑战可能导致法律法规在实际应用中难以发挥应有的作用。

改进策略：为提高法律法规在化工事故应急响应与危机管理中的应用效果，需采取以下改进策略：

完善法律法规体系：针对现有法律法规存在的不足和漏洞，及时修订和完善，确保法律法规的针对性和可操作性。

加大执法力度：加大对违法违规行为的查处力度，加大法律法规的执行力度，确保各项规定得到有效执行。

提高企业法律意识：加强企业法律培训和教育，提高企业员工的法律意识和遵法守规的自觉性，确保企业在应急响应和危机管理中能够依法行事。

强化跨部门协作与信息共享：加强政府部门之间的协作与沟通，建立信息共享机制，提高应急响应和危机管理的效率和效果。

法律法规在化工事故应急响应与危机管理中发挥着至关重要的作用。通过完善法律法规体系、加大执法力度、提高企业法律意识和强化跨部门协作与信息共享等改进策略的实施，可以进一步提高法律法规在化工事故应急响应与危机管理中的应用效果。未来，随着法律法规的不断完善和社会对化工安全问题的日益关注，相信化工事故应急响应与危机管理工作将更加规范和高效。

第四节　化工安全管理的技术与发展

一、化工安全管理中的新技术与新趋势

随着科技的不断进步和创新，化工安全管理领域也涌现出许多新技术和新趋势。这些新技术和新趋势不仅提高了化工生产的安全性和效率，还为企业带来了更多的发展机遇。下面将详细阐述化工安全管理中的新技术与新趋势，包括智能化技术、大数据应用、物联网技术、安全文化建设等方面的内容，并分析这些新技术和新趋势对化工安全管理的影响和挑战。

（一）智能化技术在化工安全管理中的应用

智能化技术是化工安全管理中的重要创新方向，通过引入人工智能、机器学习等技术手段，实现对化工生产过程的智能化监控和预警。智能化技术的应用可以大大提高化工生产的安全性和效率，减少人为因素导致的事故。

人工智能与机器学习：利用人工智能和机器学习算法，对化工生产过程中的数据进行分析和挖掘，实现对生产过程的安全状态预测和风险评估。这些算法可以根据历史数据和实时数据，自动调整生产参数和操作策略，以达到最优的安全性能。

自动化控制系统：通过引入自动化控制系统，实现对化工生产过程的自动化控制和管理。自动化控制系统可以根据预设的安全规则和条件，自动调整生产设备的运行状态和操作参数，确保生产过程的安全稳定。

（二）大数据在化工安全管理中的应用

大数据技术的应用为化工安全管理提供了全新的视角和手段。通过对海量数据的收集、分析和挖掘，可以发现潜在的安全风险和隐患，为企业的安全管理决策提供有力支持。

数据收集与整合：通过引入大数据技术，实现对化工生产过程中各类数据的全面收集和整合。这些数据包括生产设备的运行数据、操作人员的行为数据、环境监测数据等，为后续的数据分析和挖掘提供了丰富的数据库。

数据分析与挖掘：利用大数据分析和挖掘技术，对收集到的数据进行深入分析和处理。通过对数据的关联分析、聚类分析等方法，可以发现生产过程中存在的安全隐患和风险点，为企业的安全管理提供有针对性的指导。

（三）物联网技术在化工安全管理中的应用

物联网技术的应用为化工安全管理带来了更多的智能化和自动化手段。通过引入物联网技术，可以实现对化工生产设备的实时监控和远程控制，提高生产过程的安全

性和效率。

设备监控与预警：通过物联网技术，将生产设备与互联网相连，实现对设备运行状态的实时监控和预警。当设备出现异常情况时，系统可以自动触发预警机制，及时通知管理人员进行处理，避免事故的发生。

远程控制与操作：借助物联网技术，管理人员可以通过互联网实现对生产设备的远程控制和操作。这种方式可以减少人员进入生产现场的风险，提高生产过程的安全性。

（四）安全文化建设在化工安全管理中的重要性

除了技术手段的创新外，安全文化建设也是化工安全管理中的重要趋势。通过培育员工的安全意识和安全行为习惯，可以形成良好的安全文化氛围，提高整个企业的安全管理水平。

安全意识培养：通过开展安全教育和培训活动，提高员工对安全生产的认识和重视程度。同时，通过制定安全规章制度和操作规程，明确员工在安全生产中的职责和义务，形成全员参与的安全管理格局。

安全行为习惯养成：通过引导和激励员工养成良好的安全行为习惯，如佩戴防护用品、遵守操作规程等，可以减少人为因素导致的事故。同时，通过定期的安全检查和评估，及时发现和纠正员工在安全生产中的不良行为。

（五）新技术与新趋势对化工安全管理的影响和挑战

新技术与新趋势的应用为化工安全管理带来了诸多积极影响，如提高生产效率、降低事故风险等。然而，同时也面临着一些挑战和问题。

技术更新与投入成本：新技术的引入和应用需要企业投入大量的资金和人力资源进行技术更新和改造。这对于一些资金紧张的企业来说可能是一个挑战。

人员培训与技能提升：新技术的引入可能会带来操作方式和管理模式的变化，需要员工具备相应的技能和素质来适应这些变化。因此，企业需要加强员工培训和技能提升以适应新技术的发展。

数据安全与隐私保护：大数据和物联网技术的应用涉及大量的数据收集和处理工作。在保障数据安全性和隐私保护方面，需要采取有效的措施来防止数据泄露和滥用。

化工安全管理中的新技术与新趋势为企业的安全生产带来了诸多机遇和挑战。企业需要结合自身实际情况和需求，积极引进和应用这些新技术和顺应新趋势，不断提高自身的安全管理水平和绩效。同时，也需要关注新技术应用过程中可能出现的问题和风险，并采取相应的措施进行应对和解决。

二、化工安全与环保的关联性分析

化工安全与环保是化工产业发展中两个不可或缺的方面，它们之间存在着密切的关联性。这种关联性不仅体现在理论上，更在实际操作中表现得淋漓尽致。化工安全涉及生产过程的安全性、稳定性及员工的人身安全，而环保则关注生产活动对环境的影响和可持续性。在化工产业中，二者相互依存、相互促进，共同构成了一个完整的管理体系。

（一）化工安全与环保的理论关联

化工安全与环保的理论关联主要体现在以下几个方面：

法规政策的一致性：许多国家和地区都制定了关于化工安全和环保的法规政策，这些政策在目标和要求上具有很高的一致性。它们都致力于保护人类健康和环境安全，减少生产活动对环境和人体的负面影响。

风险评估的共性：在化工产业中，风险评估是一个重要的环节。无论是化工安全还是环保，都需要对生产过程中可能出现的风险进行评估和预测。这种风险评估的共性使得化工安全与环保在理论层面上紧密相连。

预防措施的互通性：化工安全和环保都强调预防措施的重要性。通过采用先进的工艺技术和环保设备，可以有效地降低生产过程中的安全风险和环境影响。这些预防措施在化工安全和环保领域具有互通性，共同提升了化工产业的整体安全水平。

（二）化工安全与环保的实践关联

化工安全与环保的实践关联主要表现在以下几个方面：

生产过程的协同管理：在化工生产过程中，安全和环保是密不可分的。例如，在选择原料、设计工艺流程、使用生产设备等方面，都需要同时考虑安全和环保因素。这种协同管理的方式使得化工安全和环保在实践层面上紧密相连。

事故应急处理的联合响应：当化工生产过程中发生事故时，往往需要同时启动安全应急和环保应急机制。通过联合响应和协同处置，可以最大限度地降低事故对环境和人体的影响，保障生产活动的顺利进行。

资源利用与废弃物处理的综合优化：化工安全和环保都关注资源利用和废弃物处理问题。通过采用循环经济的理念和技术手段，可以实现资源的高效利用和废弃物的减量化、无害化处理。这种综合优化的方式有助于提升化工产业的整体竞争力和可持续发展能力。

（三）案例分析

为了更好地理解化工安全与环保的关联性，我们可以分析一些具体的案例。例如，某化工厂在生产过程中，因设备老化和管理不善导致了一起泄漏事故。事故不仅造成了生产线的停产和员工的伤亡，还对环境造成了严重的污染。这起事故充分说明了化工安全与环保之间的紧密关联：一方面，安全问题的出现可能导致环境问题的加剧；另一方面，环境的恶化也可能给生产安全带来隐患。

（四）挑战与机遇

尽管化工安全与环保之间存在着密切的关联，但在实际操作中仍面临着许多挑战。

例如，如何平衡经济效益与环保要求、如何提升员工的安全意识和环保素养、如何加大监管和执法力度等。然而，这些挑战同时也为化工产业带来了巨大的机遇。通过加强技术研发和创新、推广绿色生产和循环经济理念、完善法规政策和管理体系等措施，可以推动化工产业实现安全、环保、高效的可持续发展。

化工安全与环保之间存在着密切的关联。这种关联不仅体现在理论上，更在实际操作中表现得淋漓尽致。为了更好地促进化工产业的发展和进步，我们需要充分认识并重视这种关联，加强协同管理和联合响应，共同推动化工产业实现安全、环保、高效的可持续发展。

三、化工安全与环保的社会责任与经济效益

化工产业作为现代工业的重要组成部分，对于推动社会经济发展具有重要的作用。然而，随着公众对环境保护和安全生产意识的日益增强，化工企业所承担的社会责任也日益显著。化工安全与环保不仅关系到企业的可持续发展，更直接关系到社会和谐与人民福祉。因此，深入探讨化工安全与环保的社会责任与经济效益，对于促进化工产业的健康发展具有重要意义。

（一）化工安全与环保的社会责任

1. 保障员工安全与健康

化工企业应首要承担保障员工安全与健康的社会责任。因此，企业需建立健全安全管理体系，加强员工安全培训，提高安全生产水平，确保员工在生产过程中的人身安全。除此之外，企业还应关注员工的职业健康，采取有效措施预防和控制职业病的发生，保障员工的身体健康。

2. 减少环境污染与排放

化工企业在生产过程中不可避免地会产生废弃物和污染物。因此，企业应承担起减少环境污染排放的社会责任。通过采用先进的清洁生产技术和环保设备，实现废弃物的减量化、资源化和无害化处理。同时，加强环境监测并及时公开信息，确保生产活动对环境的影响在可控范围内。

3. 促进社区和谐与发展

化工企业应积极履行促进社区和谐与发展的社会责任。通过加强与周边社区的沟通与协作，了解社区居民的诉求和期望，积极回应社会关切。同时，通过支持社区建设、参与公益活动等方式，为社区发展贡献力量，实现企业与社区的共赢发展。

（二）化工安全与环保的经济效益

1. 提高生产效率与降低成本

化工安全与环保的投入可以带来显著的经济效益。通过加强安全管理和环保措施，可以有效减少生产过程中的安全事故和污染事件，降低企业的运营风险。同时，采用先进的生产技术和环保设备，可以提高生产效率和产品质量，降低生产成本，增强企

业的市场竞争力。

2. 促进绿色产业发展与转型升级

化工安全与环保的推动有助于促进绿色产业的发展和转型升级。随着公众环保意识的提高和政策的引导，绿色产业已成为新的经济增长点。化工企业通过加强安全与环保管理，可以推动自身向绿色、低碳、循环方向发展，实现产业的转型升级和可持续发展。

3. 提升企业品牌形象与信誉度

化工安全与环保的积极投入可以提升企业的品牌形象和信誉度。在公众对环境保护和安全生产日益关注的背景下，注重安全与环保的企业往往能够获得更多的社会认可和支持。这不仅可以增强企业的社会影响力，还有助于吸引更多的合作伙伴和客户，为企业的长远发展奠定坚实基础。

（三）社会责任与经济效益的平衡与协同

化工安全与环保的社会责任与经济效益并非孤立存在，而是相互促进、相互制约的关系。在实际操作中，企业需要平衡好社会责任与经济效益之间的关系，实现二者的协同发展。

首先，企业应将社会责任融入经营管理之中，将安全与环保作为企业的核心价值观和核心竞争力。通过加强内部管理和技术创新，不断提高安全生产和环保水平，实现经济效益和社会效益的双赢。

其次，企业需要加强与政府、社区、公众等利益相关方的沟通与协作，共同推动化工安全与环保事业的发展。通过积极参与政策制定、行业标准制定等过程，引导行业向更加安全、环保的方向发展。

最后，企业需要关注长远利益和可持续发展目标，避免短视行为和片面追求经济效益。通过加大安全与环保投入、推动绿色产业发展等措施，为企业的长远发展和社会和谐贡献力量。

化工安全与环保的社会责任与经济效益是相互关联、相互促进的关系。企业需要充分认识并重视这种关系，通过加强内部管理、技术创新和与利益相关方的沟通协作，实现社会责任与经济效益的平衡与协同发展。这不仅有助于推动化工产业的健康发展和社会和谐稳定，更有助于提升企业的核心竞争力和可持续发展能力。

第五节　化工安全管理的基本原则与要求

一、化工安全与环保的国际标准与认证体系

随着全球化的加速和国际贸易的日益频繁，化工安全与环保问题越来越受到国际社会的关注。为了确保化工产业的安全与环保水平，各国纷纷制定并实施了相应的国

际标准与认证体系。这些标准与体系不仅为化工企业提供了明确的指导和要求，也为国际社会提供了一个统一的评价和监管框架。下面将详细介绍化工安全与环保领域的国际标准与认证体系，包括它们的起源、发展、主要内容以及对企业的影响等方面。

（一）国际标准的起源与发展

国际化工安全与环保标准的制定起源于 20 世纪末，当时工业快速发展带来的环境问题日益严重，引起了国际社会的广泛关注。为了应对这一挑战，各国政府、国际组织和非政府组织开始合作，共同制定了一系列化工安全与环保的国际标准。这些标准不仅涵盖了化工生产过程中的安全、环保、健康等方面，还涉及产品的生命周期管理、废弃物处理等方面。

随着国际合作的深入和技术的不断进步，化工安全与环保的国际标准也在不断更新和完善。目前，已经形成了多个具有影响力的国际标准体系，如 ISO 14000 系列环境管理体系标准、OHSAS 18000 系列职业健康安全管理体系标准等。这些标准不仅为化工企业提供了明确的管理框架和指导原则，也为各国政府和国际组织提供了一个统一的监管和评价标准。

（二）主要国际标准与认证体系介绍

1. ISO 14000 系列环境管理体系标准

ISO 14000 系列是国际标准化组织制定的一系列环境管理体系标准。该系列标准旨在帮助企业建立并实施一套完整的环境管理体系，包括环境政策、目标设定、计划制定、实施与运行、检查与纠正以及管理评审等环节。通过实施 ISO 14000 系列标准，企业可以系统地管理其环境行为，提高资源利用效率，减少环境污染，从而实现可持续发展。

2. OHSAS 18000 系列职业健康安全管理体系标准

OHSAS 18000 系列是国际劳工组织制定的一系列职业健康安全管理体系标准。该系列标准旨在帮助企业建立并实施一套完整的职业健康安全管理体系，包括危险源识别、风险评估、预防措施制定、事故应急处理等环节。通过实施 OHSAS 18000 系列标准，企业可以增强员工的安全意识，降低事故发生率，保障员工的生命安全和身体健康。

3. Responsible Care ®

Responsible Care ® 是全球化学工业协会联合会发起的一项全球性计划，旨在促进化学工业的可持续发展和环境保护。该计划要求参与企业在生产、运输、储存、使用和处理化学品的过程中，遵循一系列严格的安全和环保标准。通过实施 Responsible Care ® 计划，企业可以展示其对环境和社会责任的承诺，提高公众对其的信任度。

（三）国际标准与认证体系对企业的影响

1. 提升企业竞争力

实施国际化工安全与环保标准可以显著提升企业的竞争力。这些标准可以帮助企业建立并完善其管理和监督体系，从而提高生产效率、降低成本并减少资源浪费。通过获得国际认证，企业可以向全球市场展示其符合国际标准的产品和服务，增强消费者信心并扩大市场份额。

2. 促进可持续发展

国际化工安全与环保标准要求企业在追求经济效益的同时，也要关注环境和社会责任。通过实施这些标准，企业可以积极应对环境问题、减少污染排放、提高资源利用效率，并推动可持续发展目标的实现。这不仅有助于企业的长期稳定发展，也符合全球社会对可持续发展的期望和要求。

3. 加强国际合作与交流

国际化工安全与环保标准为企业提供了一个统一的评价和监管框架，有助于加强国际合作与交流。通过遵循这些标准，企业可以更容易地获得国际市场的认可和信任，从而拓展国际合作机会和业务范围。同时，这些标准也为各国政府和国际组织提供了一个有效的监管工具，有助于推动全球化工产业的健康发展和环境保护事业的进步。

化工安全与环保的国际标准与认证体系在推动全球化工产业的安全与环保水平方面发挥着重要作用。随着技术的不断进步和国际合作的深入，未来这些标准将不断完善和发展，为全球化工产业的可持续发展和环境保护事业做出更大的贡献。同时，企业也应积极响应这些标准的要求和挑战，加强内部管理和技术创新，不断提升自身的安全环保水平和社会责任感。

二、化工安全与环保的发展趋势与挑战

化工安全与环保的实践案例分析是理解和评估化工行业中安全管理和环境保护措施效果的重要途径。通过深入分析具体的案例，我们可以了解成功和失败的原因，从而提炼出宝贵的经验教训，为未来的化工安全与环保工作提供指导。下面将选取几个典型的实践案例进行分析，旨在揭示化工安全与环保在实际操作中的挑战、应对策略及其效果。

案例一：某化工厂环境污染事件及其应对措施

背景：某化工厂因违规排放废水，导致周边环境受到严重污染，引发公众关注和抗议。

事件描述：该化工厂长期将未经处理的废水直接排入河流，导致河流水质恶化、水生生物死亡，周边居民饮用水安全受到威胁。当地居民发现后，纷纷向有关部门举报，并自发组织抗议活动。

应对措施：

立即停止违规排放行为，启动应急处理机制。

对受影响的河流进行生态修复，加强水质监测。

对化工厂内部进行全面检查，确保其生产流程符合环保标准。

公开道歉并承诺加强内部管理，确保类似事件不再发生。

效果评估：经过及时应对和整改，该化工厂成功解决了环境污染问题，恢复了河

流水质，得到了公众的谅解和认可。同时，此次事件也促使该化工厂加强了环保意识和内部管理，有效预防了类似事件的再次发生。

案例启示：化工企业应严格遵守环保法规，加强内部管理，确保生产过程中的环境保护。同时，政府和社会各界也应加强监督和引导，共同维护环境安全。

案例二：某化工厂安全事故及其防范措施

背景：某化工厂在生产过程中发生爆炸事故，造成人员伤亡和财产损失。

事故描述：该化工厂在生产一种高危险性化学品时，因操作失误和设备故障，导致反应失控，引发爆炸。事故造成多人死伤，厂房和设备遭到严重损毁。

防范措施：

对事故原因进行深入调查，找出事故发生的根本原因。

对事故责任人进行严肃处理，加强员工安全教育和培训。

对生产设备和工艺进行全面检查和改造，确保符合安全标准。

建立完善的安全管理体系并制定应急预案，加强日常安全检查和隐患排查。

效果评估：通过采取一系列防范措施，该化工厂成功消除了安全隐患，提高了安全生产水平。同时，该化工厂也加强了对员工的安全教育和培训，提升了员工的安全意识和应急能力。

案例启示：化工企业应高度重视安全生产工作，加强员工安全教育和培训，确保生产设备和工艺符合安全标准。同时，建立完善的安全管理体系和应急预案也是保障化工安全的重要措施。

案例三：某化工厂绿色转型实践

背景：面对日益严格的环保法规和市场需求，某化工厂决定进行绿色转型，提高资源利用效率和环保效率。

实践描述：该化工厂采取了一系列绿色转型措施，包括采用清洁生产技术替代传统的高污染、高能耗工艺，开发高效节能的设备和系统，利用废弃物进行资源回收等。同时，该化工厂还加强了与科研机构和高校的合作，引进先进的环保技术和人才支持。

效果评估：经过绿色转型实践，该化工厂成功降低了能耗，减少了污染物排放，提高了资源利用效率。同时，绿色转型也为企业带来了经济效益和社会效益的双赢局面，增强了企业的竞争力和可持续发展能力。

案例启示：化工企业应积极响应环保政策和顺应市场需求，加强技术创新和研发投入，推动绿色转型和可持续发展。这不仅有助于提升企业的环保效率和市场竞争力，也是实现化工行业可持续发展的必经之路。

通过实践案例分析，我们可以看到化工安全与环保工作在实际操作中的挑战和应对策略。这些案例不仅为我们提供了宝贵的经验教训，也为我们指明了未来的发展方向。在未来的化工安全与环保工作中，我们应注重技术创新、加强内部管理、建立完善的安全管理体系和应急预案、推动绿色转型和可持续发展等方面的工作，共同维护环境安全和人民健康。

第二章 危化品基础知识与安全生产

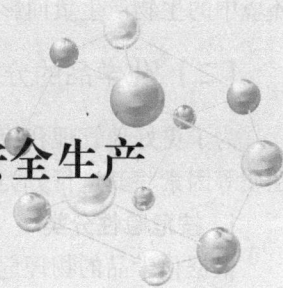

在化工行业中，危化品的管理与安全生产息息相关，是确保企业稳定运营和员工生命安全的关键。危化品，即危险化学品，指具有毒害、腐蚀、爆炸、燃烧、助燃等性质，对人体、设施、环境具有危害的剧毒化学品和其他化学品。了解危化品的基础知识，是做好安全生产工作的前提。

第一节 化工生产中的危化品概述

一、化学品的危险性与分类

化学品在现代社会中的应用极为广泛，从工业制造到日常生活，无处不在。然而，这些化学品往往伴随着一定的危险性，如果处理不当，可能会对人类健康和环境造成严重的危害。因此，了解化学品的危险性和正确分类至关重要。

（一）化学品的危险性

化学品的危险性主要来源于其物理性质、化学性质以及潜在的生物效应。常见的化学品危险性包括以下几个方面：

1. 物理危险性

指化学品在物理状态下可能对人类和环境造成的危害。例如，某些化学品具有易燃、易爆、易挥发等特性，一旦遇到合适的条件，就可能引发火灾或爆炸。除此之外，某些化学品还具有腐蚀性、放射性等物理特性，也可能对人体和环境造成伤害。

2. 化学危险性

指化学品在化学反应过程中可能产生的危害。例如，某些化学品在特定的条件下会发生氧化、还原、水解等反应，产生有毒、有害的物质。这些物质可能对人体造成急性或慢性中毒，甚至引发癌症等严重疾病。

3. 生物危险性

指化学品对生物体可能产生的危害。某些化学品具有生物活性，可能干扰生物体的正常生理功能，对生物体造成损害。例如，农药、杀虫剂等化学品就可能对人体和环境中的生物产生负面影响。

(二) 化学品的分类

为了更好地管理和控制化学品的危险性，人们通常根据化学品的危险性、用途和性质等因素将其进行分类。常见的化学品分类方法包括以下几种：

1. 按危险性分类

根据化学品的物理危险性、化学危险性和生物危险性等因素，将化学品分为易燃、易爆、有毒、有害、腐蚀性、放射性等不同类别。这种分类方法有助于人们快速识别化学品的危险性，并采取相应的预防措施。

2. 按用途分类

根据化学品的用途，将其分为农药、医药、染料、涂料、助剂等不同类别。这种分类方法有助于人们了解化学品的应用领域和使用方式，从而更好地管理和控制其危险性。

3. 按化学性质分类

根据化学品的化学性质，如元素、化合物、有机物、无机物等，对其进行分类。这种分类方法有助于人们了解化学品的内在特性，预测其可能产生的化学反应和危险性。

(三) 各类化学品的危险性与预防措施

1. 易燃、易爆化学品

这类化学品具有高度的物理危险性，一旦发生火灾或爆炸，可能造成严重的人员伤亡和财产损失。因此，在使用这类化学品时，应严格遵守安全操作规程，确保远离火源和热源，避免产生静电火花等引发火灾的因素。同时，应定期检查储存设施的安全性，确保设施完好无损，防止泄漏和爆炸事故的发生。

2. 有毒、有害化学品

这类化学品可能对人体造成急性或慢性中毒，甚至引发癌症等严重疾病。因此，在使用这类化学品时，应佩戴合适的防护用品，如防护眼镜、手套、口罩等，避免直接接触化学品。同时，应确保工作环境通风良好，减少有害物质的吸入和积累。对于废弃物和废水，应采取专业的处理方法，避免对环境造成污染。

3. 腐蚀性、放射性化学品

这类化学品具有特殊的危险性，可能对人体和环境造成长期的影响。因此，在使用这类化学品时，应特别注意安全防范措施。对于腐蚀性化学品，应避免与皮肤、眼睛等直接接触，防止造成化学灼伤。对于放射性化学品，应严格按照辐射防护要求进行操作，确保人员和环境的安全。

化学品的危险性和分类是化学安全管理的基础。了解化学品的危险性和正确分类有助于人们更好地管理和控制化学品的危险性，保障人类健康和环境安全。然而，随着化学工业的快速发展和新化学品的不断涌现，化学品的危险性和分类也面临着新的挑战。未来我们应加强化学品危险性评估和分类技术的研究和应用，不断完善化学品管理制度和标准。同时，还应加强化学品安全教育和培训，提高公众对化学品危险性的认识和防范意识。只有这样，我们才能更好地应对化学品的危险性挑战，保障人类和环境的安全可持续发展。

二、化学品的储存与运输安全

化学品的安全储存与运输是确保化学品在生产、使用和处置过程中不发生事故、保障人员和环境安全的关键环节。不正确的储存和运输方式可能导致化学品泄漏、火灾、爆炸等严重事故，对人民生命财产安全和社会稳定造成威胁。因此，下面将详细探讨化学品的储存与运输安全要求、常见风险及应对措施，以期提高化学品安全管理水平。

（一）化学品储存安全

1. 储存设施要求

储存化学品的设施必须符合相关标准和规定，确保结构坚固、防火防爆、通风良好。对于易燃、易爆、有毒、有害化学品，应设置专用仓库，并与其他建筑保持一定的安全距离。仓库内部应配置适当的消防设施、防爆设备和应急照明设施，确保在紧急情况下能够及时应对。

2. 分类储存

化学品应按照其性质、用途和危险性进行分类储存，防止不同性质的化学品相互反应产生危害。易燃、易爆化学品应远离火源和热源，有毒、有害化学品应设置独立的储存区域，并采取密封措施防止泄漏。

3. 标识与记录

储存化学品的容器和包装上应清晰标明化学品的名称、性质、危险性等信息，以便管理人员和应急人员快速识别。同时，应建立完善的化学品储存记录制度，包括储存时间、数量、温度、湿度等信息，确保化学品的储存过程可追溯。

（二）化学品运输安全

1. 运输工具选择

化学品的运输工具应根据化学品的性质、数量和运输距离进行选择。对于易燃、易爆、有毒、有害化学品，应选择专用的危险品运输车辆或船只，并确保其符合相关标准和规定。

2. 包装与标识

化学品的包装应符合相关标准和规定，确保化学品在运输过程中不会泄漏或产生危害。

3. 路线规划与交通管理

化学品的运输路线应提前进行规划和评估，避开人口密集区域和敏感环境。在运输过程中，应加强交通管理，确保运输车辆或船只的行驶速度和路线符合规定，防止交通事故的发生。

（三）常见风险及应对措施

在化学品运输过程中，应制定完善的应急预案和处置措施，确保在发生事故时及时应对。同时，应配备专业的应急人员和救援设备，提高事故处置的效率和效果。

1. 泄漏风险

化学品在储存和运输过程中可能发生泄漏事故，对环境和人员造成危害。为应对泄漏风险，应建立健全的泄漏应急预案和处置机制，配备专业的泄漏应急设备和人员。同时，应定期检查和维护储存设施和运输工具，确保其密封性和完好性。

2. 火灾和爆炸风险

易燃、易爆化学品在储存和运输过程中存在火灾和爆炸风险。为降低这些风险，应严格控制储存和运输环境的温度、湿度等条件，防止产生静电火花等引发火灾的因素。同时，应建立完善的消防设施和防爆装置，确保在发生火灾或爆炸时能够及时扑灭和控制。

3. 中毒和环境污染风险

有毒有害化学品在储存和运输过程中可能引发中毒和环境污染事故。为应对这些风险，应加强化学品的分类储存和运输，避免不同性质的化学品相互反应产生危害。同时，应建立完善的应急预案和处置措施，确保在发生事故时能够及时应对，减少人员中毒和环境污染的危害。

化学品的储存与运输安全是确保化学品在生产、使用和处置过程中不发生事故、保障人员和环境安全的重要环节。通过加强储存设施建设和维护、完善运输管理和应急准备与处置等措施，可以有效降低化学品储存与运输过程中的风险。然而，随着化学工业的快速发展和新化学品的不断涌现，化学品储存与运输安全仍面临新的挑战。

未来，我们应继续加强化学品储存与运输安全技术的研究和应用，提高储存和运输过程的自动化、智能化水平。同时，还应加强相关法律法规和标准的制定和执行力度，推动化学品储存与运输安全管理的规范化、标准化。只有这样，我们才能更好地保障化学品储存与运输过程的安全稳定，为化学工业的可持续发展提供有力支撑。

三、化工事故应急预案与处置措施

化工事故应急预案与处置措施是确保化工企业在发生事故时能够迅速、有效地应对，减少人员伤亡、财产损失和环境污染的关键环节。建立健全的应急预案和制定科学合理的处置措施，对于提高企业的安全生产水平和应对突发事件的能力具有重要意义。

（一）化工事故应急预案的重要性

化工事故应急预案是针对化工生产过程中可能发生的各类事故，预先制定的应对方案和措施。其重要性主要体现在以下几个方面：

指导应急响应：应急预案为应急响应提供了明确的指导，使企业在事故发生时能够迅速、有序地展开救援行动。

减少损失：通过预先制定的应对方案和措施，企业可以在事故发生时迅速控制局面，减少人员伤亡、财产损失和环境污染。

提高应对能力：应急预案的制定和实施，可以提高企业应对突发事件的能力和水平，增强企业的安全生产意识。

（二）化工事故应急预案的编制原则

在编制化工事故应急预案时，应遵循以下几个原则：

科学性原则：应急预案的编制应基于科学的风险评估和事故分析，确保预案的针对性和可操作性。

实用性原则：应急预案应紧密结合企业的实际情况和需求，注重实用性和可操作性。

系统性原则：应急预案应涵盖化工生产的全过程和各个环节，形成一个完整、系统的应对体系。

可持续性原则：应急预案应随着企业发展和外部环境的变化进行不断修订和完善，确保其长期有效。

（三）化工事故应急预案的主要内容

化工事故应急预案主要包括以下几个方面的内容：

事故分类与分级：明确化工事故的分类和分级标准，为应急响应提供明确的指导。

应急组织体系：建立健全应急组织体系，明确各级应急指挥机构的职责和权限。

应急资源保障：确保应急救援所需的物资、设备、人员等资源的充足和有效。

应急通信与信息报告：建立畅通的应急通信渠道，确保信息报告的及时、准确和有效。

应急处置流程：制定详细的应急处置流程，包括事故报告、应急启动、现场处置、救援支援、后期处置等各个环节。

应急培训与演练：加强应急培训和演练，增强员工的应急意识和自救互救能力。

（四）化工事故应急处置措施

在化工事故发生时，应迅速启动应急预案，采取科学合理的处置措施。常见的化工事故应急处置措施包括以下几个方面：

立即停车：发生事故时，相关操作人员应立即停车，并开启危险报警灯，以警示其他车辆。如果事故发生在高速公路上，应在确保安全的情况下逐步减速并靠边停车。

疏散人员：在确保自身安全的情况下，迅速疏散事故现场的人员，特别是那些受伤或中毒的人员。要将他们转移到安全区域，并采取必要的急救和防护措施。

防止火灾和爆炸：针对化工事故可能引发的火灾和爆炸风险，应采取相应的预防措施。如切断火源、防止静电火花、控制可燃物等。同时，准备好灭火器材和消防设备，以便在必要时进行灭火和救援。

防止有毒、有害物质扩散：化工事故可能涉及有毒、有害物质的泄漏和扩散。因此，在应急处置过程中，应采取措施防止这些物质扩散到周围环境中，如使用吸附材料、封堵泄漏点、启动排风系统等。

配合调查处理：在事故发生后，应积极配合相关部门进行调查处理工作。提供事故的相关信息和资料，协助调查人员了解事故原因和责任。同时，根据调查结果和教训，及时修订和完善应急预案和处置措施。

（五）案例分析与实践经验

通过对实际案例的分析和实践经验的总结，可以发现以下几点对于化工事故应急预案与处置措施至关重要：

预案制定要全面细致：在制定化工事故应急预案时，应全面考虑可能发生的各类事故和风险因素，确保预案的针对性和可操作性。

应急资源保障要充足有效：确保应急救援所需的物资、设备、人员等资源的充足和有效是应对化工事故的关键。企业应建立完善的应急资源保障体系，并定期进行检查和维护。

应急处置要迅速科学：在化工事故发生时，应迅速启动应急预案，采取科学合理的处置措施。同时，要加强与相关部门和机构的沟通协调，确保应急处置工作的顺利进行。

应急培训和演练要加强：加强应急培训和演练是增强员工应急意识和自救互救能力的重要手段。企业应定期组织员工进行应急培训和演练，确保员工具备应对突发事件的能力和素质。

化工事故应急预案与处置措施是确保化工企业在发生事故时能够迅速、有效地应对的关键环节。建立健全的应急预案和制定科学合理的处置措施对于提高企业的安全生产水平和应对突发事件的能力具有重要意义。未来，随着化工行业的不断发展和技术进步，化工事故应急预案与处置措施将面临新的挑战和机遇。企业需要不断探索新的技术和方法，提高应急预案的针对性和可操作性，加强应急资源保障和应急处置能力建设，为化工生产的安全发展贡献力量。同时，政府和社会各界也应加强对化工安全生产的监管和支持，共同推动化工行业的绿色发展和安全生产。

第二节　化工生产工艺的安全设计与运行

一、化工生产工艺的安全设计

化工生产工艺的安全设计与评估是确保化工生产过程安全、稳定、高效进行的关键环节。它不仅关乎生产设备的可靠性和稳定性，还涉及生产过程中人员的安全及环境的保护。因此，对于化工生产工艺的安全设计与评估，需采用严谨、细致和全面的工作方法和流程。

（一）化工生产工艺安全设计的重要性

化工生产工艺的安全设计是确保化工生产过程稳定、高效、环保运行的关键环节。它涉及化工生产的全过程，包括原料的选取、工艺流程的设计、设备的选择、操作条件的确定等。安全设计的目的是预防和控制化工生产过程中可能出现的危险和有害因素，保障人员安全、保护环境、提高生产效率，并推动化工行业的可持续发展。

1. 保障人员安全

化工生产过程中涉及大量的有毒、有害、易燃、易爆物质，一旦发生事故，后果往往十分严重，甚至可能威胁到人员的生命安全。因此，安全设计的首要任务就是要消除或减少这些隐患，为员工提供一个安全的工作环境。

2. 保护环境

如果化工生产过程中产生的废弃物和污染物处理不当，将对环境造成严重影响，甚至可能导致生态破坏和环境污染。安全设计需要充分考虑废弃物的处理和污染物的减排，采用环保工艺和设备，减少对环境的影响。这不仅有助于维护生态平衡，还能降低企业的环保成本，提升企业的社会形象。

3. 提高生产效率

安全设计不仅可以保障生产过程的安全性，还可以通过优化工艺流程和设备配置，提高生产效率。合理的工艺流程和设备配置可以减少生产过程中的能耗和物耗，提高产品质量和产量，从而降低生产成本，提高企业的经济效益。

（二）化工生产工艺安全设计的基本原则

在进行化工生产工艺的安全设计时，需要遵循以下几个基本原则，以确保设计的安全性和有效性。

1. 安全性原则

安全性原则是化工生产工艺安全设计的首要原则。它要求在设计过程中始终将安全放在首位，确保设备和工艺能够满足安全生产的要求。这包括选择安全性能高的原料、设计合理的工艺流程、选用可靠的设备、设置完善的安全防护设施等方面。同时，还需要对生产过程中可能出现的危险和有害因素进行全面分析和评估，采取相应的控制措施，确保生产过程的安全性。

2. 可靠性原则

可靠性原则要求设备和工艺具有高度的可靠性，能够在恶劣的工作环境下长时间稳定运行。这需要对设备和工艺进行全面的测试和验证，确保其性能稳定、可靠。同时，还需要考虑到设备的维护和保养问题，确保设备能够及时得到维修和保养，维持良好的运行状态。

3. 经济性原则

经济性原则要求在进行化工生产工艺安全设计时，需要在满足安全性和可靠性的前提下，尽量降低生产成本，提高经济效益。这需要对原料、设备、工艺等方面进行全面比较和评估，选择性价比高的方案。同时，还需要考虑到生产过程中的能耗和物耗问题，采取相应的节能减排措施，降低生产成本。

4. 环保性原则

环保性原则要求在进行化工生产工艺安全设计时，需要充分考虑环境保护的要求，减少废弃物的产生和污染物的排放。这需要采用环保工艺和设备，对废弃物和污染物进行有效处理和减排。同时，还需要考虑到生产过程中的能源消耗和碳排放问题，采取相应的节能减排措施，减少对环境的影响。

总之，化工生产工艺的安全设计是确保化工生产过程稳定、高效、环保运行的关键环节。在进行安全设计时，需要遵循安全性、可靠性、经济性和环保性等原则，确保设计的安全性和有效性。只有这样，才能保障人员的生命安全、保护环境、提高生产效率，并推动化工行业的可持续发展。

（三）化工生产工艺安全设计的主要内容

化工生产工艺的安全设计主要包括以下几个方面：

工艺流程设计：工艺流程设计是化工生产工艺安全设计的基础，需要考虑到原料的性质、反应条件、设备配置等因素，确保工艺流程的安全性和稳定性。

设备选型与设计：设备选型与设计是确保化工生产安全的关键环节，需要选择符合安全生产要求的设备，并进行合理的设计和优化，确保设备在运行过程中的安全性和稳定性。

安全防护措施：安全防护措施是保障化工生产安全的重要手段，包括防爆、防火、防毒、防腐等措施，需要针对不同的设备和工艺进行具体的设计和实施。

自动化控制系统设计：自动化控制系统可以提高化工生产的自动化水平，减少人为操作失误带来的安全隐患，提高生产过程的安全性和稳定性。

（四）化工生产工艺安全评估的方法与流程

化工生产工艺的安全评估是对已设计的化工生产工艺进行安全性分析和评价的过程，旨在发现和评估生产过程中可能存在的安全隐患和风险，为生产过程的安全管理提供依据。安全评估的方法与流程主要包括以下几个步骤：

确定评估对象和范围：明确评估的化工生产工艺和设备，以及评估的范围和重点。

收集相关资料：收集与评估对象相关的工艺流程图、设备图纸、操作规程等资料，为评估提供基础数据。

进行安全分析：通过对工艺流程和设备配置的分析，找出可能存在的安全隐患和风险点。

制定安全措施：针对分析得出的安全隐患和风险点，制定相应的安全措施和应急预案。

评估结果汇总与报告：将评估结果汇总整理成报告，为企业的安全管理提供决策依据。

化工生产工艺的安全设计与评估是确保化工生产过程安全、稳定、高效进行的关键环节。随着化工行业的不断发展，对生产工艺的安全设计和评估提出了更高的要求。未来，我们需要继续加强对化工生产工艺的安全设计与评估研究，不断探索新的设计方法和评估手段，提高化工生产的安全性和环保性。同时，还需要加强对化工生产人员的安全教育和培训，增强他们的安全意识和应急处理能力，为化工行业的可持续发展提供坚实保障。

二、化工生产设备的安全运行

化工生产设备的安全运行与维护是确保化工生产过程连续、稳定、安全进行的重要保障。设备的稳定运行直接关系到生产效率和产品质量，同时对于预防生产事故、保障人员安全以及保护环境也具有重要意义。因此，化工企业应高度重视化工生产设备的安全运行与维护工作。

（一）化工生产设备安全运行的重要性

化工生产设备的安全运行是化工生产过程中的核心要求之一。其重要性主要体现在以下几个方面：

保障生产连续性：化工生产设备的安全运行能够确保生产过程的连续性和稳定性，避免因设备故障导致的生产中断，从而保证生产计划的顺利执行。

提高产品质量：设备的稳定运行有助于控制生产过程中的各种参数，确保产品质量稳定可靠，满足市场需求。

预防生产事故：化工生产设备的安全运行能够有效预防生产事故的发生，降低因设备故障引发的人员伤亡和财产损失风险。

保护环境：设备的稳定运行有助于减少废弃物的产生和污染物的排放，从而保护环境，实现绿色生产。

（二）化工生产设备安全运行的基本要求

为确保化工生产设备的安全运行，需要满足以下基本要求：

设备性能稳定：设备应具有良好的性能稳定性，能够在恶劣的工作环境下长时间稳定运行。

操作规范：操作人员应熟悉设备的操作规程和安全要求，确保设备的正确操作和维护。

安全防护措施：设备应具备必要的安全防护措施，如防爆、防火、防毒、防腐等，以减少安全隐患。

定期检测与维护：定期对设备进行检测和维护，及时发现并处理潜在的安全隐患。

（三）化工生产设备安全运行与维护的主要措施

为确保化工生产设备的安全运行与维护，需要采取以下主要措施：

建立健全设备管理制度：企业应制定完善的设备管理制度，明确设备的运行、维护、检修等要求，确保设备管理的规范化和科学化。

加强设备巡检与监测：定期对设备进行巡检和监测，及时发现并处理设备的异常情况，防止设备发生故障。

强化设备维护保养：按照设备维护保养要求，定期对设备进行清洗、润滑、紧固等操作，保持设备的良好状态。

提高操作人员素质：加强对操作人员的培训和教育，提高他们的操作技能和安全意识，确保设备的正确操作和维护。

建立应急处理机制：针对可能出现的设备故障和安全事故，企业应建立完善的应急处理机制，确保在突发事件发生时能够及时响应和处理。

（四）案例分析与实践经验

通过对实际案例的分析和实践经验的总结，可以发现化工生产设备的安全运行与维护是确保化工生产过程连续、稳定、安全进行的重要保障。企业需要高度重视设备的安全运行与维护工作，通过建立健全设备管理制度、加强设备巡检与监测、强化设备维护保养、提高操作人员素质以及建立应急处理机制等措施，确保设备的安全运行。未来，随着化工行业的不断发展和技术进步，化工生产设备的安全运行与维护将面临新的挑战。企业需要不断探索新的技术和方法，提高设备的安全性和可靠性，为化工生产的可持续发展提供坚实保障。同时，政府和社会各界也应加强对化工生产设备安全运行与维护的监管和支持，共同推动化工行业的绿色发展和安全生产。

三、化工生产过程中的危险源与风险评估

化工生产过程涉及众多复杂的物理、化学和生物反应，这些过程往往伴随着高温、高压、易燃、易爆、有毒、有害等危险因素。因此，对化工生产过程中的危险源进行识别和风险评估至关重要。下面将详细探讨化工生产过程中的危险源与风险评估的相关内容。

（一）化工生产过程中的危险源识别

危险源是指可能导致人员伤亡、财产损失或环境破坏的因素或条件。在化工生产过程中，危险源主要包括以下几个方面：

化学反应危险源：化工生产过程中的化学反应往往伴随着能量的释放或吸收，如果反应失控或操作不当，可能引发火灾、爆炸等事故。

物理危险源：高温、高压、低温、真空等物理条件可能导致设备损坏、泄漏等事故，进而引发火灾、中毒等严重后果。

机械危险源：化工生产设备中的旋转部件、传动装置等可能导致机械伤害事故，如夹伤、割伤等。

生物危险源：某些化工生产过程中使用的微生物、有毒及有害物质等可能对人员健康造成危害。

人为因素危险源：操作失误、违规操作、安全意识薄弱等人为因素可能导致事故的发生。

（二）危险源风险评估方法

风险评估是对危险源可能导致的后果进行定性和定量评估的过程，旨在确定危险源的风险等级和制定相应的风险控制措施。常用的危险源风险评估方法包括以下几种：

风险矩阵法：将危险源的可能性和后果进行分级，通过构建风险矩阵来评估风险等级。该方法简单易行，适用于初步风险评估。

故障模式与影响分析：通过分析系统中可能出现的故障模式及其对系统性能的影响，评估危险源的风险。该方法适用于对复杂系统进行详细的风险评估。

危险与可操作性分析：通过对化工生产过程中的操作步骤、设备配置等进行系统分析，识别潜在的危险和可操作性问题，评估危险源的风险。该方法适用于对化工生产过程进行深入的风险评估。

（三）风险评估结果的应用

进行危险源风险评估后，应根据评估结果采取相应的风险控制措施，以降低事故发生的概率和影响程度。风险控制措施包括以下几个方面：

技术控制措施：通过改进生产工艺、优化设备配置、提高自动化水平等措施，降低危险源的风险。

管理控制措施：建立完善的安全管理制度、加强人员培训和教育、增强安全意识，减少人为因素导致的事故风险。

应急响应措施：制定针对性的应急预案和救援措施，确保在事故发生时能够及时响应和处理。

（四）案例分析与实践经验

通过对实际案例的分析和实践经验的总结，可以发现以下几点对于化工生产过程中的危险源与风险评估至关重要：

重视危险源识别：全面、系统地识别化工生产过程中的危险源，确保不遗漏任何可能导致事故的因素。

采用科学的风险评估方法：根据实际情况选择合适的风险评估方法，确保评估结果的准确性和可靠性。

制定有效的风险控制措施：针对评估结果制定相应的风险控制措施，确保措施的有效性和可操作性。

加强安全管理和应急响应：建立完善的安全管理制度和应急响应机制，提高化工生产过程的安全保障水平。

化工生产过程中的危险源与风险评估是确保化工生产安全的重要手段。企业应高度重视危险源的识别和风险评估工作，采用科学的风险评估方法，制定有效的风险控制措施，加强安全管理和应急响应，为化工生产的可持续发展提供坚实保障。未来，随着化工行业的不断发展和技术进步，危险源与风险评估将面临新的挑战。企业需要不断探索新的技术和方法，提高危险源识别和风险评估的准确性和可靠性，为化工生产的安全发展贡献力量。同时，政府和社会各界也应加强对化工生产安全的监管和支持，共同推动化工行业的绿色发展和安全生产。

第三节　化工生产工艺的安全监控与管理

一、化工生产工艺安全监控的意义和内容

化工生产工艺的安全监控与管理是确保化工生产安全、稳定、高效运行的重要环节。它涉及对生产过程的全面监控、风险识别与控制、事故预防与应对等多个方面。加强化工生产工艺的安全监控与管理，对于保障生产人员的生命安全、保护企业财产安全及维护环境安全具有重要意义。

（一）化工生产工艺安全监控与管理的重要性

化工生产工艺具有高温、高压、易燃、易爆、有毒、有害等特点，一旦发生事故，后果往往十分严重。因此，对化工生产工艺进行安全监控与管理至关重要。它可以帮助企业及时发现并处理生产过程中的安全隐患，防止事故的发生；可以提高生产过程的稳定性和可控性，确保产品质量和生产效率；还可以降低生产成本，提高经济效益和提升社会形象。

（二）化工生产工艺安全监控的主要内容

化工生产工艺安全监控的主要内容包括以下几个方面：

实时监控与数据采集：通过安装各种传感器和仪表，对生产过程中的温度、压力、流量、液位等关键参数进行实时监控和数据采集，确保生产过程处于安全可控状态。

风险识别与评估：结合生产工艺的特点和历史数据，对生产过程中可能出现的风险进行识别和评估。通过风险矩阵等方法，确定风险等级，制定相应的风险控制措施。

异常检测与预警：利用先进的监控技术和数据分析方法，对生产过程中的异常情况进行检测并发出预警。及时发现并处理潜在的安全隐患，防止事故的发生。

事故调查与处理：一旦发生事故，要迅速启动应急预案，组织专业人员进行事故

调查与处理。分析事故原因，总结经验教训，完善监控与管理措施，防止类似事故的再次发生。

（三）化工生产工艺安全管理的主要措施

为了加强化工生产工艺的安全管理，可以采取以下措施：

制定完善的安全管理制度：企业应制定完善的安全管理制度，明确各级人员的职责和权限。通过制度化管理，规范生产行为，降低安全风险。

加强人员培训与教育：定期对生产人员进行安全培训和教育，增强员工的安全意识和操作技能，使员工熟悉生产工艺流程、掌握安全操作规程，增强应对突发事件的能力。

强化现场安全管理：加强对生产现场的安全管理，确保设备设施的正常运行。定期对设备进行检修和维护保养，防止设备故障引发安全事故。

建立应急救援体系：建立完善的应急救援体系，包括应急预案的制定、应急资源的储备、应急队伍的建设等，确保在发生事故时能够迅速响应并有效处置。

（四）案例分析与实践经验

通过对实际案例的分析和实践经验的总结，可以发现以下几点对于化工生产工艺的安全监控与管理至关重要：

重视实时监控与数据采集：实时监控和数据采集是发现安全隐患的重要手段。企业应建立完善的监控体系，确保数据准确可靠，及时处理异常情况。

强化风险识别与评估：风险识别与评估是预防事故的关键环节。企业应结合生产工艺特点和实际情况，定期开展风险评估工作，制定针对性的风险控制措施。

增强员工安全意识和操作技能：员工是生产过程中的主体力量。加强员工的安全培训和教育是提高整体安全水平的重要途径。企业应注重培训质量和效果评估，确保员工具备必要的安全知识和技能。

加强现场管理和应急救援体系建设：现场管理和应急救援体系是保障生产安全的重要支撑。企业应加强对现场的管理和监督检查力度，确保各项安全措施得到有效执行，同时建立完善的应急救援体系，提高应对突发事件的能力。

化工生产工艺的安全监控与管理是确保化工生产安全、稳定、高效运行的重要保障。加强安全监控与管理需要企业从制度、人员、设备等多个方面入手，建立完善的监控体系和管理机制。未来随着科技的不断进步和创新发展，化工生产工艺的安全监控与管理将面临新的挑战。企业应积极探索新的技术和方法，提高监控效率和准确性，同时加强与政府、行业协会等各方的合作与交流，共同推动化工行业的绿色发展和安全生产。

二、化工生产过程中的废弃物处理与资源化利用

化工生产过程中产生的废弃物处理与资源化利用是一个关键议题，对于环境保护、

资源节约和可持续发展具有重要意义。随着人们环境保护意识的提高和法规的日益完善，化工企业面临着越来越大的压力，需要采取有效的措施来处理和利用这些废弃物。

（一）化工废弃物的分类与特点

化工废弃物主要包括生产过程中产生的废水、废气、废渣及废催化剂等。这些废弃物通常具有成分复杂、有害物质含量高、处理难度大等特点。根据废弃物的性质和处理方法的不同，可以将其分为以下几类：

有机废弃物：主要包括有机溶剂、废油、废液等，通常含有较高的有机物浓度和毒性物质。

无机废弃物：主要包括废盐、废酸、废碱等，通常具有较高的酸碱性和腐蚀性。

固体废弃物：主要包括废催化剂、废活性炭、废过滤材料等，通常含有多种有害物质和重金属。

危险废弃物：指那些具有易燃、易爆、有毒、有害等特性的废弃物，需要特别处理和处置。

（二）化工废弃物的处理方法

针对不同类型的化工废弃物，需要采取不同的处理方法。常见的处理方法包括物理处理、化学处理、生物处理和热处理等。

物理处理：主要包括分离、过滤、沉淀、吸附等方法，用于去除废弃物中的悬浮物、沉淀物和有害物质。

化学处理：主要包括中和、氧化、还原、沉淀等方法，用于将废弃物中的有害物质转化为无害或低毒物质。

生物处理：主要包括好氧生物处理、厌氧生物处理和生物修复等方法，利用微生物的作用将废弃物中的有机物降解为无机物质。

热处理：主要包括焚烧和热解等方法，通过高温将废弃物中的有机物分解为无害或小分子物质。

（三）化工废弃物的资源化利用

化工废弃物的资源化利用是指将废弃物转化为有价值的资源或产品，实现废弃物的减量化、资源化和无害化。常见的资源化利用方式包括回收、再利用和能源化利用等。

回收：将废弃物中的有用物质进行分离和提纯，再作为原料或辅料使用。例如，废催化剂中的金属元素可以通过回收再利用，减少资源消耗。

再利用：将废弃物直接或经过简单处理后再次用于化工生产。例如，废液经过适当处理后可以作为洗涤水或冷却水被再次使用。

能源化利用：将废弃物通过燃烧或发酵等方式转化为热能或生物质能等能源。例如，废有机溶剂可以通过安全焚烧产生热能，用于化工生产的加热或发电。

（四）废弃物处理与资源化利用的挑战与对策

化工废弃物的处理与资源化利用面临着诸多挑战，如技术难度大、成本高昂、法规限制等。为了应对这些挑战，可以采取以下对策：

加强技术研发和创新：研发更加高效、环保、经济的废弃物处理技术和资源化利用技术，提高废弃物的处理效率和资源化利用率。

强化法规监管和政策引导：加强对化工废弃物的监管和管理，制定更加完善的法规和标准；同时出台相关政策，鼓励企业采取环保措施和资源化利用措施。

建立废弃物处理与资源化利用产业链：将废弃物处理与资源化利用纳入产业链中，形成完整的循环经济体系，实现废弃物的减量化、资源化和无害化。

加强企业和社会参与：鼓励企业积极参与废弃物处理与资源化利用工作，同时加强社会监督和参与，形成全社会共同参与的良好氛围。

化工生产过程中的废弃物处理与资源化利用是化工企业实现可持续发展和环境保护的关键环节。通过采用合适的处理方法和资源化利用方式，可以有效减少废弃物的排放和对环境的影响，同时实现资源的节约和循环利用。未来，随着技术的不断进步和环保要求的提高，化工废弃物的处理与资源化利用将面临更大的挑战。企业需要加强技术研发和创新，强化法规监管和政策引导，建立废弃物处理与资源化利用产业链，推动化工行业的绿色发展和可持续发展。同时，政府、行业协会和社会各界也应加强合作与交流，共同推动化工废弃物的处理与资源化利用工作取得更大的进展。

三、化工生产过程中的能源消耗与节能措施

化工生产是一个能源消耗密集的行业，其能源消耗量占总能源消耗量的比重较大。随着全球能源短缺问题的加剧和人们环境保护意识的提高，化工生产过程中的能源消耗与节能措施越来越受到关注。如何在保证产品质量和生产效率的同时，降低能源消耗，成为化工企业亟待解决的问题。

（一）化工生产过程中的能源消耗特点

化工生产过程中的能源消耗主要集中在热能、电能和动力能等方面。这些能源消耗的特点如下：

1. 热能消耗大

化工生产中的许多反应需要在高温条件下进行，因此热能消耗量比较大。例如，合成氨、炼油等生产过程中，需要消耗大量的热能来维持反应温度。

2. 电能消耗高

化工生产中的许多设备，如泵、压缩机、搅拌器等都需要消耗大量的电能。除此之外，化工企业还需要为生产设备的运行和维护提供稳定的电力供应。

3. 动力能消耗广泛

化工生产过程中，除了热能和电能外，还需要消耗其他形式的动力能，如蒸汽、

压缩空气等。这些动力能的消耗贯穿于整个生产过程中，对生产效率和质量产生直接影响。

（二）化工生产过程中的节能措施

针对化工生产过程中能源消耗的特点，可以采取以下节能措施：

1. 优化生产流程

通过改进生产工艺，优化生产流程，可以减少不必要的能量转换和损失。例如，采用先进的反应技术、优化设备配置等，提高生产过程的能量利用效率。

2. 提高设备效率

选用高效节能设备，提高设备的运行效率。例如，采用变频调速技术、优化设备维护等，降低设备的能耗。

3. 回收利用余热余压

化工生产过程中产生的余热余压可以进行回收利用，提高能源利用效率。例如，利用余热发电、回收蒸汽等，将废热转化为有用能源。

4. 加强能源管理

建立完善的能源管理制度，加强能源计量和统计，实时监测和分析能源消耗情况。通过制定合理的能源消耗定额和考核标准，激发员工节能降耗的积极性。

5. 推广新能源技术

积极推广新能源技术，如太阳能、风能等可再生能源在化工生产中的应用。这不仅可以降低能源消耗，还有助于减少环境污染。

（三）节能措施的实施与效果评估

实施节能措施后，需要对节能效果进行评估，以便及时调整和优化节能策略。评估方法主要包括能耗对比分析、经济效益评估和环境效益评估等。

1. 能耗对比分析

通过对比实施节能措施前后的能源消耗数据，分析节能措施对能源消耗的影响程度。这有助于发现能源消耗的关键环节和潜力所在，为进一步优化节能策略提供依据。

2. 经济效益评估

通过计算节能措施投入与产出的经济效益，评估节能措施的盈利能力和可行性。这有助于企业制定合理的投资决策，推动节能措施的持续实施。

3. 环境效益评估

通过分析节能措施在减少污染物排放、降低能源消耗等方面的环境效益，评估节能措施对环境保护的贡献。这有助于提升企业的社会责任感和形象。

化工生产过程中的能源消耗与节能措施是一个长期而复杂的过程。通过优化生产流程、提高设备效率、回收利用余热余压、加强能源管理以及推广新能源技术等措施，可以有效降低化工生产过程中的能源消耗，提高企业的经济效益和环境效益。

随着科技的不断进步和环保要求的提高，化工生产过程中的节能措施将更加注重技术创新和绿色发展。企业需要加强研发投入，积极推广先进的节能技术和设备，不断提高能源利用效率，为实现可持续发展和环境保护做出贡献。同时，政府和社会各界也应加强合作与支持，共同推动化工行业的绿色发展和节能减排工作取得更大的成果。

四、化工生产过程中的噪声、振动与辐射控制

化工生产过程中，除了能源消耗问题外，噪声、振动和辐射也是影响生产环境、工人健康和生产效率的重要因素。如果这些因素得不到妥善控制，不仅会对工人的身心健康产生负面影响，还可能影响设备的正常运行和产品的质量。因此，采取有效的措施来控制化工生产过程中的噪声、振动和辐射至关重要。

（一）化工生产过程中的噪声控制

噪声是化工生产中常见的环境问题，主要源于机械设备、流体流动、化学反应等。长期暴露在高噪声环境下，工人可能会出现听力损伤、心理压力增大等问题。因此，控制噪声是保护工人健康和提高生产环境质量的必要措施。

1. 噪声源识别

首先需要对生产过程中的噪声源进行识别，确定产生噪声的设备和区域。

2. 噪声隔离

通过安装隔声罩、隔音墙等设施，将噪声源与工作环境隔离开来，减少噪声的传播。

3. 设备优化

对产生噪声的设备进行优化，如采用低噪声设计的泵、压缩机等设备，减少噪声的产生。

4. 个人防护

为工人提供耳塞、耳罩等个人防护用品，减少噪声对工人听力的影响。

（二）化工生产过程中的振动控制

振动是化工生产中另一个常见的问题，主要源于机械设备的运转、化学反应过程中的放热等。长期暴露在振动环境下，工人可能会出现身体不适、工作效率下降等问题。因此，控制振动也是保护工人健康和提高生产效率的重要措施。

1. 减振设计

在设备设计阶段考虑减振措施，如采用减振支撑、减振器等，减少振动的产生。

2. 振动隔离

通过安装隔振器、隔振沟等设施，将振动源与工作环境隔离开来，减少振动的传播。

3. 设备维护

定期对设备进行维护和保养，确保设备运转平稳，减少振动的产生。

4. 工人培训

对工人进行振动危害的培训，增强工人的防护意识，减少振动对工人健康的影响。

（三）化工生产过程中的辐射控制

辐射是化工生产中一个较为特殊的问题，主要源于放射性物质的使用和一些特定设备的运行。辐射对人体健康的影响较大，因此需要采取严格的控制措施。

1. 辐射源管理

对使用放射性物质的环节进行严格管理，确保放射性物质的安全使用和合规处置。

2. 辐射屏蔽

通过安装辐射屏蔽设施，如铅板、混凝土墙等，减少辐射的泄漏和扩散。

3. 设备选型

选用低辐射的设备和技术，降低辐射的产生。

4. 辐射监测

定期对工作环境进行辐射监测，确保辐射水平在安全范围内。

（四）综合控制措施

除了对噪声、振动和辐射分别采取措施外，还可以采取一些综合控制措施来提高整体效果。具体来说，包括以下几种措施：

1. 优化生产流程

通过优化生产流程，减少噪声、振动和辐射的产生和传播。

2. 加强设备维护

定期对设备进行维护和保养，确保设备运转平稳、安全可靠。

3. 改善工作环境

通过改善工作环境，如增加通风、照明等设施，提高工人的舒适度和工作效率。

4. 建立安全管理制度

建立完善的安全管理制度，明确各项控制措施的责任人和执行标准，确保控制措施的有效实施。

化工生产过程中的噪声、振动和辐射控制是保障工人健康和提高生产效率的重要措施。通过采取有效的控制措施和管理制度，可以显著降低这些因素对工人健康和生产环境的影响。未来，随着科技的进步和环保要求的提高，化工生产企业需要进一步加强噪声、振动和辐射控制技术的研发和应用，推动化工行业的绿色发展和可持续发展。同时，政府和社会各界也应加强合作与支持，共同推动化工生产过程中的环境保护和安全生产工作取得更大的成果。

第四节　化工生产安全的创新与改进

一、化工生产过程中的职业健康与安全

化工生产是一个涉及多种危险因素的行业，如有毒物质、高温高压、机械伤害等。

这些因素对工人的职业健康和安全构成严重威胁。因此，确保化工生产过程中的职业健康与安全至关重要。下面将详细探讨化工生产过程中的职业健康与安全问题，并提出相应的控制措施。

（一）化工生产过程中的职业健康风险

化工生产过程中，工人可能面临多种职业健康风险，包括：

1. 有害物质暴露

化工生产过程中使用的许多化学物质对人体有害，如有毒气体、粉尘、液体等。长期暴露于这些有害物质中，工人可能会患上职业病，如化学性肺炎、接触性皮炎等。

2. 高温高压环境

化工生产常需在高温高压的环境中进行，这样的环境可能导致工人中暑、烫伤、压力损伤等。

3. 噪声和振动

化工生产中的机械设备常产生高噪声和振动，长期暴露可能导致听力损伤、振动病等。

4. 生物危害

部分化工生产涉及生物物质，如微生物、病毒等，可能引发感染等健康问题。

（二）化工生产过程中的安全风险

除了职业健康风险外，化工生产过程中还存在以下安全风险：

1. 火灾和爆炸

化工生产过程中使用的许多物质易燃易爆，一旦发生火灾或爆炸，后果严重。

2. 机械伤害

化工生产中的机械设备可能导致切割、挤压、撞击等伤害。

3. 电气安全

化工生产中的电气设备可能引发触电、电弧闪光等安全事故。

4. 高处坠落和物体打击

部分化工生产设施位于高处，存在坠落风险；同时，生产过程中的物料搬运可能导致物体打击伤害。

（三）职业健康与安全控制措施

为确保化工生产过程中的职业健康与安全，应采取以下控制措施：

1. 职业健康防护措施

提供合适的个人防护装备，如防护服、手套、呼吸器、耳塞等，以减少有害物质暴露、噪声和振动对工人的影响。

定期对工人进行健康检查，及时发现和处理职业病早期症状。

对工作场所进行定期检测，确保空气中的有害物质浓度符合标准。

2. 安全管理措施

建立完善的安全管理制度，明确各级人员的安全职责和操作规范。

定期对员工进行安全培训，增强员工的安全意识和应急处理能力。

实施安全风险评估和隐患排查，及时发现和整改安全隐患。

3. 防火防爆措施

对易燃易爆物质进行分类管理，确保储存和使用安全。

定期检查和维护消防设施和防爆设备，确保其完好有效。

制定火灾和爆炸应急预案，定期组织演练，提高员工应对突发事件的能力。

4. 机械安全措施

对机械设备进行定期检查和维护，确保其运转正常、安全可靠。

在机械设备周围设置安全警示标志和防护栏，防止工人误操作或接近危险区域。

5. 电气安全措施

对电气设备进行定期检查和维护，确保其绝缘良好、接地可靠。

严格执行电气安全操作规程，禁止私拉乱接电线和违规使用电气设备。

6. 高处坠落和物体打击防护措施

为高处作业人员提供合适的防坠落设备和安全带。

在生产区域设置安全通道和堆放区域，避免物料乱放和阻碍通行。

化工生产过程中的职业健康与安全是企业持续发展的基础。通过采取有效的控制措施和管理制度，可以显著降低职业健康和安全风险。然而，随着化工行业的不断发展和技术进步，新的职业健康和安全挑战不断涌现。因此，企业需要不断加强技术研发和创新，提高生产过程的自动化和智能化水平，降低人为操作失误和事故发生的概率。同时，政府和社会各界也应加强合作与支持，共同推动化工行业的职业健康与安全管理工作取得更大的进步和发展。

总之，化工生产过程中的职业健康与安全是企业和社会共同关注的重要议题。只有持续改进和创新，才能确保化工生产的安全性和可持续性。

二、化工生产工艺的安全审计与持续改进

随着化工行业的快速发展，生产工艺的复杂性和多样性日益增加，对生产工艺的安全管理提出了更高要求。为了保障化工生产的安全稳定，必须加强对生产工艺的安全审计，并持续改进生产工艺，确保生产过程符合安全标准。

（一）化工生产工艺安全审计的重要性

化工生产工艺安全审计是对生产过程中各环节的安全管理、操作规程、设备设施等进行全面检查和评估的过程。其目的是发现潜在的安全隐患，提出改进措施，降低事故发生的概率。安全审计的重要性主要体现在以下几个方面：

1. 预防事故发生

通过安全审计，可以及时发现并纠正生产过程中的不安全行为和因素，防止事故

的发生。

2. 提高生产效率

安全审计可以发现生产过程中的瓶颈和问题，提出优化建议，提高生产效率。

3. 保障员工安全

安全审计关注员工的安全和健康，通过改善工作环境和条件，保障员工的生命财产安全。

（二）化工生产工艺安全审计的主要内容

化工生产工艺安全审计的内容涵盖了生产过程的各个方面，主要包括以下几个方面：

1. 生产工艺流程的安全性

审查工艺流程是否合理、是否存在安全风险，以及工艺流程是否得到了有效执行。

2. 设备设施的安全性

检查设备设施是否符合安全标准，是否存在缺陷和隐患，以及设备的维护和保养情况。

3. 操作规程的合规性

评估操作规程是否完善、是否得到了有效执行，以及员工是否熟悉并遵守操作规程。

4. 安全管理体系的完善性

审查安全管理体系是否健全、是否得到了有效实施，以及安全培训和教育是否到位。

（三）化工生产工艺安全审计的方法与步骤

为了确保安全审计的有效性和针对性，需要采取科学的方法和步骤进行审计。一般来说，化工生产工艺安全审计可以按照以下步骤进行：

1. 准备阶段

明确审计目的、范围和要求，制订审计计划，成立审计小组，收集相关资料。

2. 实施阶段

按照审计计划，对生产工艺进行逐项审查，记录审计发现的问题和隐患，并与相关部门和人员沟通确认。

3. 报告阶段

整理审计结果，形成审计报告，明确问题和隐患的性质、影响范围和整改建议。

4. 整改阶段

根据审计报告，制定整改措施和时间表，明确责任人，确保整改措施得到有效实施。

5. 跟踪阶段

对整改措施的实施情况进行跟踪和验证，确保问题得到彻底解决，防止类似问题再次发生。

（四）化工生产工艺的持续改进

安全审计不是一次性的检查活动，而是持续改进的过程。在审计过程中发现的问题和隐患，需要制定相应的改进措施，并持续跟踪和验证改进效果。同时，还需要从以下几个方面加强生产工艺的持续改进：

1. 引入先进技术和管理经验

积极引进国内外先进的化工生产技术和管理经验，提高生产工艺的安全性和效率。

2. 加强员工培训和教育

定期开展安全培训和教育活动，增强员工的安全意识和操作技能，增强员工对安全生产的责任感和使命感。

3. 建立激励机制

建立安全生产激励机制，对在安全生产工作中表现突出的个人和团队给予表彰和奖励，激发员工参与安全生产的积极性和创造性。

4. 加强与监管机构的沟通与合作

与监管部门保持密切联系，及时了解最新的政策法规和安全标准，确保生产工艺符合相关要求。

化工生产工艺的安全审计与持续改进是保障化工生产安全稳定的重要手段。通过加强安全审计和持续改进工作，可以及时发现和消除安全隐患，提高生产效率，保障员工安全。未来，随着化工行业的不断发展和技术进步，安全审计与持续改进工作将面临新的挑战。因此，需要不断探索和创新安全审计方法和手段，加强与国际先进水平的交流与合作，推动化工生产工艺的安全审计与持续改进工作不断取得新的成果和发展。

三、化工生产工艺的安全文化建设

化工生产工艺的安全文化建设是化工行业安全管理的重要组成部分，旨在通过培养员工的安全意识、安全行为习惯和安全价值观，从而确保生产过程的安全稳定。积极的安全文化能够显著提升员工的安全责任感，减少安全事故的发生，并为企业创造持久的安全生产环境。

（一）化工生产工艺安全文化建设的意义

化工生产工艺的安全文化建设对于企业的安全生产具有深远意义。首先，安全文化建设能够增强员工的安全意识，使员工从内心深处认识到安全的重要性，从而在生产过程中自觉遵守安全规章制度，减少安全事故的发生。其次，安全文化建设可以提高员工的安全素质，使员工掌握更多的安全知识和技能，提升员工应对突发情况的能力。最后，安全文化建设还能够增强企业的凝聚力和竞争力，为企业树立良好的社会形象。

（二）化工生产工艺安全文化建设的核心要素

化工生产工艺的安全文化建设包括以下几个核心要素：

1. 安全理念

树立"安全第一，预防为主"的安全理念，强调安全在企业生产中的首要地位，引导员工形成正确的安全价值观。

2. 安全规章制度

建立完善的安全规章制度，明确各级人员的安全职责和操作规范，确保员工在生产过程中有章可循、有法可依。

3. 安全培训与教育

定期开展安全培训和教育活动，增强员工的安全意识和操作技能，使员工具备应对突发情况的能力。

4. 安全氛围

营造浓厚的安全氛围，通过悬挂安全标语、设置安全警示标志等方式，提醒员工时刻保持警惕，关注安全生产。

5. 安全监督与考核

建立有效的安全监督与考核机制，对生产过程进行定期检查和评估，确保安全规章制度得到有效执行。

（三）化工生产工艺安全文化建设的实施策略

在化工生产工艺的安全文化建设过程中，可能会面临一些挑战，如员工安全意识薄弱、安全规章制度执行不力等。为了有效推进化工生产工艺的安全文化建设，可以采取以下实施策略：

1. 领导层重视与支持

企业领导层要高度重视安全文化建设工作，制订明确的安全文化建设目标和计划，并在资源、政策等方面给予大力支持。

2. 全员参与推动

鼓励全体员工积极参与安全文化建设活动，通过员工建议、安全小组活动等方式，激发员工的创造力和积极性。

3. 加强宣传教育与培训

通过多种形式的宣传教育和培训活动，提高员工对安全文化的认识和重视程度，培养员工的安全意识和行为习惯。

4. 激励与约束机制

建立安全文化建设的激励与约束机制，对在安全文化建设中表现突出的个人和团队给予表彰和奖励，对违反安全规章制度的行为进行严肃处理。

5. 持续改进与评估

定期对安全文化建设工作进行评估和总结，及时发现问题和不足，制定改进措施，推动安全文化建设工作持续改进和发展。

化工生产工艺的安全文化建设是确保企业安全生产的重要手段和途径。通过树立正确的安全理念、建立完善的安全规章制度、加强安全培训与教育、营造浓厚的安全氛围以及建立有效的安全监督与考核机制等措施的实施，可以推动企业安全文化的形成和发展。然而，安全文化建设是一项长期而艰巨的任务，需要企业领导层的重视和支持以及全体员工的积极参与和推动。未来，随着化工行业的不断发展和技术进步，化工生产工艺的安全文化建设将面临新的挑战。因此，企业需要不断创新和完善安全文化建设的方法和手段，以适应不断变化的安全生产需求和环境。同时，政府和社会各界也应加强对化工生产工艺安全文化建设的关注和支持，共同推动化工行业安全文化的健康发展。

四、化工生产工艺的安全管理创新与实践

随着科技的不断进步和化工行业的快速发展，传统的化工生产工艺安全管理方法已经难以满足现代化工企业的需求。为了应对这一挑战，化工企业必须进行安全管理创新，探索更加高效、智能和可持续的安全管理模式。下面将探讨化工生产工艺安全管理创新的重要性、创新方向以及具体实践案例，以期为化工企业的安全管理提供有益的参考和启示。

（一）化工生产工艺安全管理创新的重要性

化工生产工艺具有高温、高压、易燃、易爆等特点，一旦发生安全事故，后果往往十分严重。因此，加强化工生产工艺的安全管理至关重要。然而，传统的安全管理方法往往侧重于事后处理，忽视了事前的预防和事中的控制，导致安全管理效果不佳。在这种情况下，进行安全管理创新显得尤为重要。

安全管理创新能够提升企业的安全管理水平，有效预防和减少安全事故的发生。通过引入先进的安全管理理念和技术手段，可以及时发现和消除安全隐患，提高生产过程的安全性和稳定性。同时，安全管理创新还能够降低企业的安全风险和经济损失，保障员工的生命财产安全，维护企业的声誉和形象。

（二）化工生产工艺安全管理创新的方向

1. 智能化安全管理

借助物联网、大数据、人工智能等先进技术，实现生产过程的安全监控、预警和智能化管理。通过实时采集和分析生产数据，及时发现潜在的安全风险，并采取相应措施进行干预和纠正。

2. 预防性安全管理

强调事前的预防和风险评估，通过定期的安全检查、隐患排查和风险评估，及时发现和消除安全隐患，防止事故的发生。

3. 全员参与安全管理

鼓励全员参与安全管理活动，打造安全文化环境，增强员工的安全意识和技能水

平。通过员工的安全建议和反馈，不断完善安全管理制度和措施。

4. 持续改进安全管理

对安全管理工作进行定期评估和总结，及时发现问题和不足，制定改进措施，推动安全管理工作的持续改进和发展。

（三）化工生产工艺安全管理创新的实践案例

1. 智能化安全监控系统的应用

某化工企业引入了智能化安全监控系统，通过在生产现场安装传感器和监控设备，实时采集和分析生产数据。一旦发现异常情况或潜在的安全风险，系统会立即发出预警，并自动采取相应的控制措施，如关闭阀门、启动紧急停车等。这一系统的应用大大提高了生产过程的安全性和稳定性，有效预防和减少了安全事故的发生。

2. 风险评估和隐患排查制度的建立

某化工企业建立了风险评估和隐患排查制度，定期对生产过程进行风险评估和隐患排查。通过专业人员的现场检查和数据分析，及时发现潜在的安全隐患和风险点，并制定相应的整改措施和时间表。同时，企业还建立了隐患治理跟踪机制，确保整改措施得到有效执行。这一制度的实施显著降低了企业的安全风险和经济损失。

3. 全员参与安全文化建设的实践

某化工企业注重全员参与安全文化建设，通过开展安全培训、安全知识竞赛、安全建议征集等活动，增强员工的安全意识和技能水平。同时，企业还建立了安全奖励机制，对在安全工作中表现突出的个人和团队给予表彰和奖励。这一实践营造了浓厚的安全氛围，使员工从内心深处认识到安全的重要性，从而自觉遵守安全规章制度，积极参与安全管理活动。

化工生产工艺的安全管理创新是提升企业安全管理水平、预防和减少安全事故的关键。通过智能化安全管理、预防性安全管理、全员参与安全管理和持续改进安全管理等创新方向的实践和探索，可以有效提升化工企业的安全管理能力和水平。然而，安全管理创新是一个持续不断的过程，需要企业不断探索和完善。未来，随着科技的不断进步和化工行业的不断发展，化工生产工艺的安全管理创新将面临新的挑战。因此，企业需要保持敏锐的洞察力和创新精神，不断引入先进的安全管理理念和技术手段，推动安全管理工作的持续创新和发展。同时，政府和社会各界也应加强对化工生产工艺安全管理创新的关注和支持，共同推动化工行业安全管理的进步和发展。

第五节　氯碱化工企业危化品与安全管理

一、氯碱化工企业安全问题及成因

化工及化工相关高危行业事故易发、多发，一旦发生重大特大化工事故，不仅会导致严重的财产损失和人员伤亡，还会引发重大环境和生态灾难，严重影响社会稳定，这一现象已引起了社会的广泛关注。

2010年5月22日上午8点30分，山西阳煤氯碱化工有限责任公司公用工程工区污水处理工段临时负责人安排清理接触氧化池的淤泥。上午9点40分，该临时负责人在安装污水泵时被绳子带入池中，另一名工人立即下池施救，施救过程中两人窒息晕倒，第三名工人见状立即前往施救，但在施救过程中也窒息晕倒。其他员工立即汇报公司并进行抢救，10点20分将3人送往平定县人民医院抢救。其中2人抢救无效死亡，1人受伤。事故原因为安全意识不强，没有采取安全措施，没有佩戴防毒面具进行作业。

2010年7月18日15点30分，山西阳煤氯碱化工有限责任公司承包队检修作业人员在含有乙炔气的二期清净1塔上，用氧焊动火切割设备上的连接螺栓，导致发生爆炸，造成1死3重伤。事故原因为在没取得动火、登高、吊装作业证的情况下违章作业；检修现场管理人员安全意识不强，没有及时制止违章作业；公司对外用工的资质审查不严，培训针对性不强，流于形式；安全技术措施审查不严、不细。

2010年11月20日晚19点01分，榆社化工股份有限公司树脂二厂聚合厂房内发生了空间爆炸，造成聚合厂房四面的建筑坍塌、电缆起火、管线震裂，导致氯乙烯单体泄漏着火、连锁爆炸。聚合厂房90米范围内的建筑物的门窗损毁，1000米方位内厂房、居民等建筑物的门窗玻璃部分破碎，事故造成4人死亡、2人重伤、3人轻伤，财产损失2500万元。

氯碱化工事故的原因，主要有以下几个方面：

（一）安全意识不强

改革开放以来，全社会在安全生产观念和认识上有了较大的转变，但与发达国家和地区相比，仍有很大的差距。安全意识的强弱对于促进化工企业加强安全管理、保护从业人员的安全与健康极为重要，同时，安全意识对人的不安全行为产生控制作用，以达到减少事故的效果。当前有不少化工企业，上至老总下至员工，仍然存在着"重生产轻安全"的观念，没有做到"以人为本，安全第一，预防为主，综合治理"，缺乏安全法律观念和意识，逃避承担法律责任和义务。要知道，安全生产是最大的效益，安全不仅是一线工人关心的事，也应该是化工企业、地方政府、国家乃至全社会共同关注的大事。

（二）安全管理模式手段落后

相对于国外的大型化工企业来说，我国大部分化工企业的安全管理还是落后的，主要表现在管理的模式和手段上。

第一，实行政企分开之后，部分化工企业在其组织机构、资金使用、管理方式、内部责任划分等方面，依然沿用着计划经济体制下的管理制度和方式。形式主义仍在作祟，许多人习惯用计划经济体制下的思维和方法进行安全管理。管理模式落后，主要体现在靠会议防事故，靠文件防事故，靠检查防事故，忽视了安全信息的理论指导（缺乏安全信息的收集，决策缺乏科学性），忽视了全过程、全方位、全员参与的系统安全管理，忽视了主动管理，安全检查不细不严；重事故后整改，轻事故前预防，在事故的预防措施上缺乏科学的技术手段，因而不能适应经济发展对安全管理的要求。

第二，安全管理手段较单一，虽然国有大中型化工企业已改制，在产权、人事、工资、奖励、保险等最根本的制度上政府手段有所放松，化工企业安全管理受到制约，自主经营安全管理手段松懈。化工企业不能依据事件和环境的变化，适时进行安全管理调整，安全生产的一些规章制度及安全经费往往难以很好地落实。

（三）安全科技投入不足

科技是维护生产安全的最大保证。安全生产科技工作是以公益性为主导的事业，目前，我国有些化工企业没有建立和完善科技创新的投资机制和激励机制，更谈不上拓宽科技投入渠道，也得不到各级政府部门的支持。不少化工企业现有的生产设备和安全设施大多是10年前或20年前投入使用的，设备和工艺在科技水平上与国内外同类生产装置相比存在着较大的差距，缺乏相应的技术支持，使得设备和装置的安全度降低。不少设备、设施存在严重的安全隐患，有的带"病"运转，有的就是摆设。另外，部分化工企业自身在投资和资金分配上，仍存在只顾眼前利益、不顾生产安全这一现象。其原因为：一是大多数化工企业资金紧张，二是化工企业负责人对事故隐患危害性的认识不够深，三是地方政府对部分事故隐患监管不到位。对安全检查出的隐患不组织人力物力进行整改，不将隐患消除，就会埋下事故隐患，一旦发生事故，损失远远大于投入，届时将后悔莫及。因此对查出的安全隐患改进要彻底，要舍得投入，一定要将隐患彻底整改。

（四）安全管理机制不完善

现行的安全生产运行机制与市场经济体制不相适应。安全管理机制是否健全，是衡量一个氯碱化工企业安全管理水平高低的重要尺度。新形势下，氯碱化工企业往往为了在激烈的市场竞争中求生存、获发展，把经济效益作为第一因素考虑，将大量时间、精力都放在产量、质量、经济效益上，忽视了安全管理资金投入，安全生产工作在氯碱化工企业的地位呈下降趋势。氯碱化工企业劳动人事、工资制度改革在深化，但缺乏相应的安全管理监督、检查和激励机制，企业没有把安全管理作为一项系统工程来进行。安全管理的保证机制即安全生产法律法规的落实，有待进一步加强；安全责任不具体，责任的细化和落实不到位，责任的追究随意性大，几乎全部都是事后追究，极少事前惩治。

（五）安全教育培训不到位

部分化工企业不对员工进行经常性安全教育，造成员工安全意识淡薄，基层管理干部的综合素质偏低，员工的安全素质差。有些生产指挥者违章指挥、操作者违规操作，冒险蛮干。在化工企业实行自主管理之后，化工企业的用人、用工制度就可以自行决定了，这也是造成当前安全管理被削弱的一个重要原因。有些化工企业开始对原有的安全管理人员进行裁减，并由此而引发了安全管理技术人员的结构性矛盾，有人曾将此概括为"六多六少"：一是经验型人员多，专业型人才少；二是低学历人员多，高学历人才少；三是无专业技术职称的人员多，有专业技术的人才少；四是初级人员多，中、高级人才少；五是非安全专业的人员多，安全专业的人才少；六是单功能的人员多，多功能的人才少。还有一些化工企业为了减少成本支出，开始招收大量的合同工、临时工、季节工、农民工进厂，加上化工企业原有的职工变动频繁，调岗、离岗、返岗的流动速度加快，从而弱化了对员工的安全技术教育，让一些未经安全培训的人员仓促上岗作业，此后也再没有进行定期的培训，这就为日后大量的因操作失误而带来的事故留下了隐患。有的化工企业即使开展了安全知识培训，也大多是让职工死记安全操作规程，从书本中来到书本中去，与将要步入或正在进行的实际工作岗位少有联系，其结果往往是职工的书面考试得分高，而实际操作安全意识却很差，对作业过程中的危险因素和防范措施知之甚少。

二、加强氯碱化工企业安全管理的对策

（一）强化安全意识，构建企业安全管理文化

氯碱化工企业的安全问题归根结底是化工企业受到短期利益的驱动，在相关监管部门监督力度薄弱的情况下，产生的机会主义行为，因此，当制度性规范的压力较强时，化工企业会被动地接受相关部门关于安全方面的要求。但是当监管压力较弱时，化工企业的机会主义行为可能再次发生。因此，只有不断培养化工企业的自我约束能力，强化安全意识，使其变为主动的自我遵从，才可以在化工企业内部将风险控制在最低程度。这就需要通过构建化工企业的安全文化来实现。安全文化的实质是建立一套科学而严密的规章制度和组织体系，培养全体员工遵章守纪的自觉性和良好的工作习惯，在企业内营造人人自觉关注安全的范围。安全文化的建立，需要从精神文化领域发掘，重点是道德素质的提升，统一安全价值观念，激发员工对安全工作的热情和创造能力，让员工自觉自愿地为实现企业的安全生产和发展而奋斗，形成企业的道德凝聚力，为企业的安全生产提供不竭的推动力。实践证明，通过多种激励措施，可以不断增强企业的荣誉感，从而有效地减少企业安全生产领域的道德风险。因此，化工企业安全文化的创建，对于化工企业的安全管理尤为重要。

开展"安全月"活动可以为培育和提升企业安全文化搭建平台和载体，公司将在"安全月"集中开展安全知识的宣传和安全警示教育，组织"安全月"黑板报的展示和评选，进行安全应急预案演练，开展安全隐患的排查和整治等活动。目的就是要大力提升全体员工的安全意识，使"安全第一、预防为主、综合治理"的方针深入人心，促进企业安全生产形势持续稳定和好转。同时，以"安全月"各项活动为抓手，培育企业的安全文化，逐步形成安全文化理念体系和工作机制，使安全生产和管理做到规

范化、标准化、常态化、自觉化。

（二）创新安全管理模式和手段

1. 防范为主，注重结果

受行业危险性所限，化工生产安全管理必须是全方位、全天候、全过程、全员管理，即横向到边，纵向到底，软硬件管理高度统一，上下求得一致。因此，化工生产安全管理创新的基本原则是防范为主，注重结果。即无论是完善对人员、设备、措施等必备条件的管理，还是全面推行高科技、新技术，都以防范为主要目标，以追求加大安全系数为根本。确保在出现或可能出现误操作、有缺陷的条件状态下，仍能够避免事故发生。

2. 建立安全首长负责制

要建立一个以厂长（经理）为中心的统一指挥系统，即管理主体，这个管理主体一定要有权力、有权威，这种权力、权威体现在：一是由财产所有权所获得的支配权，能保证安全生产的各类投入；二是由法律程序或特定标准所赋予的地位和职权，能有效指挥安全生产工作；三是谁主管、谁负责，指挥和控制保证生产的安全、稳定、长效运行。

3. 将班组长素质提升工程纳入安全管理模式

班组长是企业管理的基础，是公司安全、质量、产量和生产效益的基础，是兵头将尾，是基层的领导者。班组长与其他管理者不同，他必须深入工作现场，既是管理者，又是生产者，要会和懂生产各个环节的工艺流程和操作程序，才能发现问题并管理到位。提高班组长的综合素质，以落实基础管理为支点，对改变公司的整体管理水平和精神面貌，消除"跑、冒、漏、滴"和"脏、乱、差"状况等有着重要的意义。

（三）加大安全投入和科技创新

加大安全投入、改善设备设施的安全状况是实现安全生产的基础。随着设备设施运行时间的延长，设备老化、本质安全程度低下等不安全因素不断增加，势必给安全生产带来新的隐患。因此，必须加强安全技改投入。一方面，对新建的生产线采用国内先进的安全技术设备，并经有资质单位进行安全评审后方可交付使用，另一方面，对影响安全的原有设备设施，应依据轻重缓急，每年有计划地进行安改、技改，从技术措施上保证设备设施安全可靠运行。山西阳煤氯碱化工有限责任公司加大科技创新，外聘了有多年工作经验的技术人员给供热工段的员工讲解了锅炉低负荷运行的操作要领。低负荷本身是种难掌握的运行方式，要求风用得最小、煤用得最少，同时还要确保回料系统的通料正常。因此，风必须得掌握好，大了就会导返料，小了就可能出现流化不好、料层沉积等问题，最后无法运行。煤用得最少，就需要操作人员时刻认真观察各参数，及时发现问题并处理，比如煤断了，如果没有及时发现问题，很有可能低温灭火。经过员工对风的大小、煤配比千百次的调节，对返料无数次的调整，终于按公司的要求成功应降负荷至70%～75%，每日节煤约50吨，节水约300吨。同时锅炉的磨损减小了，使用的寿命延长了。

企业要实现安全技改，必须有一定的专项资金，资金应统一安排、集中使用、专款专用，提高资金的利用效率。加强安全技术的引进研发和利用，采用先进可靠的监控预警系统和设备，加大隐患治理投入，把事故损失和影响降到最低，防止设备带"病"运行，优化工艺操作，不断提升企业设备设施的安全水平，为安全稳定、长周期运行提供物质保证。

（四）建立健全安全生产管理制度

安全生产管理制度包括综合安全管理制度、人员安全管理制度、设备安全管理制度、环境安全管理制度。每个制度应做到目的明确、责任明确、标准明确，这样安全生产就有了基本保证。安全生产责任制一方面能增强公司各级负责人、各职能部门及工作人员和各岗位生产人员对安全生产的责任感；另一方面能明确各级负责人员、各职能部门及其工作人员和各岗位生产人员在安全生产中应履行的职能和应承担的责任，以充分调动各级人员的积极性和主观能动性，确保安全生产。为了能够落实好安全生产责任制，对各级各类人员及各部门在安全生产工作中的责任和权利进行明确界定，通过与各级负责人、各职能部门签订《安全生产责任书》，逐级落实安全生产责任，做到"谁主管、谁负责""谁安排工作、谁负责安全"，并按要求追究其责任。

（五）加强安全教育，提高员工安全素质

安全教育是提高员工安全意识和预防事故能力的重要途径。根据资料统计，80%以上的事故，是员工安全意识不强、未能掌握相应的安全操作技能、在紧急情况下缺乏应急措施和自我保护能力造成的。因此，强化安全宣传教育，提高企业职工安全生产素质和自我保护能力，是抓好安全生产工作的重要环节。山西阳煤氯碱化工有限责任公司按照"实际实用、循序渐进、逐步完善"的原则，把职工安全教育培训工作做细、做好、重点做好"每日一题""每周一课""每月一考"和以师带徒"手指口述"形式的培训；所有培训都遵守"生产需要什么样的人员，我们就进行什么样的培训"和"现场干什么、我们教什么、考什么"的培训思路，确保职工学练结合，学以致用。其中通过开展"师带徒"活动、电葫芦吊装电石、分析工滴定操作等"技术比武"活动，大大增强了班组成员的凝聚力，营造了班组成员在技术能力、操作水平上相互"比、学、赶、帮、超"的浓厚氛围，使班组成员在操作上逐步规范化，从而实现班组管理规范化。在车间的每周二、五安全活动中始终坚持开展"四个一"，即讲解一个岗位操作要领，解剖一个事故案例，分析一个"三违"原因，宣传一项安全政策及法律法规。工段在星期一、三、四以"一周三培""两个三"为培训计划都按时进行着，着重从基本技能操作培训和现场管理水平两方面开展工作，不断强化车间基础管理。

牢固树立"安全第一、预防为主、适应变化、与时俱进、现场第一、注重结果"的指导思想，坚持"以人为本、教育为先"的理念，坚持现场干部上讲台，培训课堂到现场，并以安全培训为重点，强化职工安全意识，促进职工安全行为养成；以提升

职工队伍素质为目标，强化岗位技能培训为准则。

1. 加强对企业安全生产管理人员安全管理知识的培训

尽可能配备既有专业知识，又有实践经验，且责任心强的人员来从事安全生产管理工作，真正做到"懂管、会管、善管、敢管"。

2. 对一线从业人员重点进行安全操作技能的培训

在三级教育中，要重视班组级的教育，对于员工的培训教育做到不走过场，防止出现有试卷、有记录、有成绩，但无效果的现象。

3. 要有针对性地进行岗前培训教育

要求员工熟悉生产环境，了解危险化学品特性，明确危险环节，掌握应急处理措施，培养员工实际操作和应急救助能力与逃生能力。只有不断提高各级、各类人员的安全意识和防范风险能力，才能确保安全形势的持续平稳。坚决杜绝无教育、无培训人员上岗。

随着社会的不断进步和生产的不断发展，影响到氯碱化工企业安全的因素会越来越多，仅依靠单纯传统的安全思维方法和多种专业安全技术措施的简单叠加，难以解决复杂生产系统中的安全问题。较好的途径是：用系统的思想和方法对企业安全管理工作的整体进行深入研究、分析和规划，进一步从整体上认识和把握安全管理的本质及内在规律，建立科学的管理流程，减少或避免发生各种人员伤亡、设备事故。总之，安全工作是氯碱化工企业的头等大事，是企业发展有生命力的关键指标，安全工作必须警钟长鸣，常抓不懈。一个现代化的企业要对国家负责，要对社会负责，要对家庭负责，要对每一个员工负责。要把安全工作纳入企业的日常管理中，必须做到"大事不过天，小事不过班"。不要把安全工作"说起来重要，做起来次要，忙起来不要"，真正把"管安全"上升为"要安全"，使安全工作成为一种自觉的行动，才能从根本上杜绝事故的发生，切实提高企业的经济效益。

第三章 化工生产中的危化品管理

在化工生产过程中，危化品的使用量大、种类繁多，管理不当极易引发事故。因此，加强危化品管理对于保障化工生产安全具有重要意义。在危化品管理方面，企业需要建立严格的管理制度和操作规程。这包括危化品的采购、储存、使用、废弃处理等各个环节的管理制度，以及针对不同危化品的操作规程和安全注意事项。同时，企业还需要加强危化品的标识和分类管理，确保员工能够准确识别和使用危化品。

第一节 危化品采购与验收管理

危化品，即危险化学品，是指具有毒害、腐蚀、爆炸、燃烧、助燃等性质，对人体、设施、环境具有危害的剧毒化学品和其他化学品。由于其潜在的危险性，危化品的采购与验收管理显得尤为关键。下面将详细探讨危化品采购与验收管理的相关内容和要求。

一、危化品采购管理

危化品采购是危化品管理的首要环节，它涉及供应商的选择、采购计划的制订、采购合同的签订等多个方面。有效的危化品采购管理能够确保企业获得质量可靠、价格合理的危化品，同时降低风险。

（一）供应商选择与评估

在危化品采购过程中，供应商的选择至关重要。企业应建立严格的供应商评估机制，对供应商的资质、信誉、产品质量、服务水平等方面进行全面考察。优先选择具有合法资质、信誉良好、产品质量稳定的供应商，并建立长期稳定的合作关系。

（二）采购计划制订

企业应根据生产需求和市场情况，制订合理的危化品采购计划。采购计划应明确采购的品种、数量、质量要求、时间等要素，确保采购活动有序进行。同时，采购计划还应考虑库存情况和资金周转情况，避免过度采购或库存积压。

（三）采购合同签订与执行

在确定了供应商和采购计划后，企业应与供应商签订采购合同。合同应明确双方的权利和义务，包括产品规格、数量、价格、交货方式、付款方式、违约责任等条款。在合同执行过程中，企业应密切关注合同履行情况，确保供应商按时按质按量交货。

二、危化品验收管理

危化品验收是确保采购的危化品符合质量要求和安全标准的重要环节。通过严格的验收管理，企业可以及时发现和处理不合格产品，降低风险。

（一）验收准备

在危化品到达企业之前，验收人员应做好充分的准备工作，包括了解采购合同的内容和要求、熟悉验收标准和流程、准备好验收所需的设备和工具等。同时，验收人员还应接受相关的安全培训，确保在验收过程中能够正确应对可能出现的问题。

（二）外观检查与核对

危化品到达企业后，验收人员首先应进行外观检查，检查包装是否完好、标识是否清晰、数量是否与合同一致等。对于发现的问题，应及时与供应商沟通并处理。同时，验收人员还应核对产品的名称、规格、型号等信息是否与合同要求相符。

（三）质量与安全性能检测

除了外观检查和核对，验收人员还应按照相关标准和要求对危化品进行质量与安全性能检测，包括化学成分、物理性能、安全性能的检测等。对于不符合要求的产品，应予以拒收或退货处理。

（四）验收记录与报告

验收完成后，验收人员应详细记录验收过程和结果，并编制验收报告。验收报告应包括验收时间、地点、人员、产品名称、规格、数量、质量与安全性能检测结果等信息。验收报告应作为采购活动的重要依据，并存档备查。

三、危化品采购与验收管理的注意事项

在危化品采购与验收管理过程中，企业还应注意以下几点：

（一）加强沟通与协作

企业与供应商之间应建立良好的沟通与协作机制，确保采购与验收活动的顺利进行。双方应及时沟通信息，解决可能出现的问题，共同维护采购与验收活动的顺利进行。

（二）严格执行安全规定

危化品具有潜在的危险性，因此在采购与验收过程中应严格执行相关的安全规定。验收人员应佩戴必要的防护用品，遵守操作规程，确保自身和他人的安全。

（三）建立持续改进机制

企业应定期对危化品采购与验收管理进行评估和改进。通过总结经验教训，优化管理流程，提高管理效率和质量。同时，企业还应关注新的法规和标准的变化，及时调整和完善管理制度。

危化品采购与验收管理是确保企业安全生产和稳定运行的重要环节。企业应建立完善的采购与验收管理制度，加强供应商选择与评估，制订合理的采购计划，严格执行验收标准和流程，加强沟通与协作等，确保危化品采购与验收活动的顺利进行。

第二节　危化品应急管理与救援措施

一、化学品事故的应急处理与救援

化学品事故是指由于化学品的泄漏、火灾、爆炸等原因导致的人员伤亡、财产损失和环境破坏等严重后果的事件。发生化学品事故时，及时、科学、有效的应急处理和救援工作至关重要，可以最大程度地减少事故造成的损失和影响。因此，下面将详细探讨化学品事故的应急处理与救援原则、程序和方法，以提高相关人员应对化学品事故的能力。

（一）应急处理与救援原则

化学品事故的应急处理与救援应遵循"以人为本、安全第一，预防为主、科学施救"的原则。在应急处理与救援过程中，应优先保护人民生命财产安全和环境安全，最大程度地减少事故造成的损失和影响。同时，应坚持预防为主，加强化学品事故的风险评估和预防措施，降低事故发生的概率。在事故发生时，应科学施救，根据事故现场的具体情况，采取合适的应急处理措施和救援方法，确保救援工作的有效性和安全性。

（二）应急处理与救援程序

化学品事故的应急处理与救援程序包括应急响应、现场处置、救援支援和总结评估等阶段。

1. 应急响应

在化学品事故发生时，应立即启动应急响应程序，组织应急处理与救援工作。应急响应程序应包括报警、通知、评估、决策等环节。报警应及时准确，通知应迅速传达，评估应全面客观，决策应科学果断。同时，应建立健全的应急通信系统，确保应急处理与救援过程中的信息传递畅通无阻。

2. 现场处置

现场处置是化学品事故应急处理与救援的核心环节。在现场处置过程中，应根据事故现场的具体情况，采取合适的应急处理措施和救援方法。对于泄漏事故，应迅速控制泄漏源，防止泄漏扩散；对于火灾和爆炸事故，应迅速扑灭火源，控制爆炸范围；对于中毒和环境污染事故，应迅速采取措施减少危害和污染。同时，应加强现场安全管理和人员保护，确保救援工作的安全进行。

3. 救援支援

在化学品事故的应急处理与救援过程中，需要调动大量的救援力量和资源。因此，应建立健全的救援支援体系，确保救援力量和资源能够及时到达现场，为应急处理与救援工作提供有力支持。救援支援包括人员支援、物资支援、技术支援等方面，应根据事故现场的具体需求进行调配和安排。

4. 总结评估

化学品事故的应急处理与救援工作结束后，应进行总结评估，分析事故原因，总结应急处理与救援过程中的经验和教训，提出改进措施和建议。总结评估有助于发现应急处理与救援工作中的不足和问题，提高相关人员应对化学品事故的能力和水平。

（三）应急处理与救援方法

化学品事故的应急处理与救援方法应根据事故现场的具体情况进行选择和应用。以下是一些常用的应急处理与救援方法：

1. 泄漏控制

对于泄漏事故，应采取合适的泄漏控制措施，如关闭阀门、堵塞泄漏源、使用吸附剂等，防止泄漏扩散和危害扩大。同时，应注意防止泄漏物质与火源、热源等接触引发火灾或爆炸。

2. 火灾扑救

对于火灾事故，应根据火源的性质和火势的大小选择合适的灭火方法和灭火剂。对于易燃、易爆化学品火灾，应使用干粉灭火器、二氧化碳灭火器等非水型灭火器；对于液体化学品火灾，应使用泡沫灭火器等水型灭火器。在灭火过程中，应注意防止火势扩大和引发爆炸。

3. 中毒救治

对于中毒事故，应立即将中毒人员转移到安全区域，并采取合适的救治措施。救治措施包括清洗皮肤、眼睛等接触部位、喂食解毒药物、进行人工呼吸等。同时，应及时联系专业医疗机构进行进一步救治。

4. 环境污染处置

对于环境污染事故，应采取合适的处置措施，如清理泄漏物质、处理废水废气等，防止污染扩散和危害扩大。同时，应加强环境监测和评估，确保环境污染得到有效控制。

化学品事故的应急处理与救援是保障人民生命财产安全和环境安全的重要措施。通过加强应急处理与救援原则、程序和方法的研究和应用，可以提高相关人员应对化学品事故的能力和水平。然而，随着化学工业的快速发展和新化学品的不断涌现，化学品事故的应急处理与救援仍面临新的挑战。

未来，我们应继续加强化学品事故应急处理与救援技术的研究和应用，提高应急处理与救援的自动化、智能化水平。同时，还应加强相关法律法规和标准的制定和执行力度，推动化学品事故应急处理与救援工作的规范化、标准化。除此之外，还应加强国际合作与交流，共同应对全球范围内的化学品事故风险。只有这样，才能更好地保障人民生命财产安全和环境安全，为化学工业的可持续发展提供有力支撑。

二、化学品安全标识与信息管理

化学品安全标识与信息管理是确保化学品在生产、储存、运输和使用过程中安全可控的关键环节。清晰、准确的安全标识和高效的信息管理能够帮助人们快速识别化学品的危险性，采取必要的安全措施，从而防止事故的发生。下面将详细探讨化学品安全标识的设计原则、制作要求及信息管理系统的构建与应用，以提高化学品安全管理水平。

（一）化学品安全标识的设计原则与制作要求

1. 设计原则

化学品安全标识的设计应遵循以下原则：

清晰易懂：标识应使用简洁明了的语言和图形，确保人们能够快速准确地理解化学品的危险性。

准确无误：标识上的信息应准确无误，与实际化学品的性质相符，避免误导用户。

醒目突出：标识应采用醒目的颜色和字体，以吸引人们的注意，确保在紧急情况下能够迅速识别。

标准化：标识的设计应符合国家和国际相关标准，确保与国际接轨。

2. 制作要求

化学品安全标识的制作应符合以下要求：

材料选择：标识应采用耐久、不易脱落的材料制作，确保在恶劣环境下仍能清晰可见。

尺寸与位置：标识的尺寸应适当，确保在不同距离下都能清晰辨认。标识应放置在化学品容器或包装的显眼位置，方便人们查看。

颜色与图形：标识的颜色和图形应符合国家和国际相关标准，确保信息的准确传达。

更新与维护：标识应定期检查和更新，确保信息的准确性和有效性。对于损坏或模糊的标识，应及时更换。

（二）化学品信息管理系统的构建与应用

1. 构建原则

化学品信息管理系统的构建应遵循以下原则：

全面性：系统应涵盖化学品的生产、储存、运输、使用等各个环节的信息，确保信息的完整性。

准确性：系统应确保信息的准确性，避免误导决策和行动。

及时性：系统应实时更新信息，确保用户能够获取到最新的化学品信息。

安全性：系统应采取必要的安全措施，保护信息的安全性和机密性。

2. 系统构建与应用

化学品信息管理系统的构建与应用包括以下几个方面：

数据库设计：系统应建立完善的数据库，包括化学品的基本信息、危险性评估、安全标识等内容。数据库应具有良好的扩展性和可维护性，以适应不断更新的化学品信息。

信息录入与更新：系统应提供便捷的信息录入和更新功能，确保用户能够轻松地输入和修改化学品信息。同时，系统应设置严格的审核机制，确保信息的准确性和真实性。

查询与检索：系统应提供高效的查询和检索功能，方便用户快速找到所需的化学品信息。用户可以通过关键词、化学式、CAS号等多种方式进行查询。

数据分析与报告：系统应具备强大的数据分析和报告功能，帮助用户深入了解化学品的性质、危险性等信息。通过数据分析，用户可以发现潜在的风险和问题，制定相应的应对措施。

用户管理与权限控制：系统应建立完善的用户管理和权限控制机制，确保只有授权的用户才能访问和操作系统。同时，系统应记录用户的操作日志，以便追踪和审计。

（三）安全标识与信息管理在化学品安全管理中的作用

安全标识与信息管理在化学品安全管理中发挥着重要作用：

增强安全意识：清晰、准确的安全标识能够提醒人们关注化学品的危险性，增强安全意识，从而避免事故的发生。

促进信息共享：化学品信息管理系统能够实现信息的快速传递和共享，确保相关人员能够及时获取到最新的化学品信息，为决策和行动提供有力支持。

提高管理效率：通过信息管理系统，企业可以实现对化学品的全生命周期管理，包括采购、储存、运输、使用等各个环节。这有助于降低管理成本，提高管理效率。

促进风险管理：通过数据分析和报告功能，企业可以及时发现潜在的风险和问题，制定相应的应对措施，降低事故发生的概率和影响。

化学品安全标识与信息管理是确保化学品安全可控的关键环节。通过合理设计安全标识和构建高效的信息管理系统，可以提高人们对化学品危险性的认识，促进信息共享和管理效率的提升，从而有效降低化学品事故的风险。然而，随着化学工业的快速发展和新化学品的不断涌现，化学品安全标识与信息管理仍面临新的挑战。

未来，我们应继续加强化学品安全标识与信息管理技术的研究和应用，推动相关标准和法规的完善，提高化学品安全管理的科学化、规范化水平。同时，还应加强国际合作与交流，共同应对全球范围内的化学品安全风险。只有这样，才能更好地保障人民生命财产安全和环境安全，推动化学工业的可持续发展。

第三节　化学品安全管理与风险控制

一、化学品安全管理的国际合作与标准化

随着全球化的发展，化学品的安全管理已经不仅仅是一个国家的问题，而是需要全球共同合作和努力的议题。国际合作和标准化在化学品安全管理中扮演着至关重要的角色，它们有助于促进信息共享、提高安全标准、减少风险，并最终保护人类健康和环境安全。下面将详细探讨化学品安全管理的国际合作与标准化的重要性、现状及未来发展趋势。

（一）国际合作在化学品安全管理中的重要性

1. 促进信息共享

国际合作能够促进各国之间在化学品安全管理方面的信息共享。通过交换经验、数据和最佳实践，各国可以更加全面地了解化学品的危险性、风险评估方法和应急处理措施，从而提高安全管理水平。

2. 提高安全标准

国际合作有助于推动全球化学品安全标准的统一和提高。各国可以共同制定和完善国际化学品安全标准，减少因标准不统一而导致的贸易壁垒和安全风险。

3. 减少风险

通过国际合作，各国可以共同应对化学品安全管理中的风险和挑战。例如，共同应对跨国界的化学品泄漏事故、打击非法化学品贸易等，从而最大程度地减少风险，保护人类健康和环境安全。

（二）化学品安全管理的国际合作现状

1. 国际组织的作用

国际组织在化学品安全管理的国际合作中发挥着重要作用。例如，联合国环境规划署、世界卫生组织及国际化学品安全方案等都在推动全球化学品安全管理的合作和标准化方面发挥着关键作用。

2. 国际合作项目

各国政府和非政府组织也在积极开展化学品安全管理的国际合作项目。这些项目旨在提高化学品安全管理的水平，促进信息共享和经验交流，提高跨国界的应急处理能力。

3. 国际法规与协议

国际法规与协议是保障化学品安全管理国际合作的重要工具。例如，《鹿特丹公约》和《巴塞尔公约》等国际公约要求各国加强在化学品废物处理和跨界转移方面的合作，共同应对化学品安全管理的挑战。

（三）化学品安全管理的标准化现状

1. 国际标准化组织

国际标准化组织等国际标准化机构在化学品安全管理方面制定了一系列国际标准。这些标准涵盖了化学品的生产、储存、运输、使用等各个环节的安全要求，为各国提供了明确的指导和参考。

2. 国家标准化进程

各国也在积极推进化学品安全管理的国家标准化进程。通过制定和实施国家标准，各国可以确保化学品的安全管理符合国际最佳实践，并推动国内产业的安全发展。

3. 标准的实施与监督

为确保标准的有效实施和监督，各国需要加强标准的宣传、培训和监督力度。同时，还需要建立完善的评估机制，对标准的实施效果进行定期评估和改进。

（四）未来发展趋势与挑战

1. 加强国际合作与协调

随着全球化学品贸易的不断发展，加强国际合作与协调将成为未来化学品安全管理的重要趋势。各国需要进一步加强信息共享、经验交流和应急处理能力等方面的合作，共同应对全球化学品安全管理的挑战。

2. 推进标准化进程

未来，化学品安全管理的标准化进程将继续加快。各国需要加强与国际标准化机构的合作，积极参与国际标准的制定和修订工作，并推动国际标准的广泛应用和实施。

3. 应对新挑战与风险

随着科技的进步和新化学品的不断涌现，化学品安全管理将面临新的挑战和风险。各国需要加强对新化学品的安全性评估和风险管理，完善相关法规和标准，确保化学品的安全使用并促进其发展。

化学品安全管理的国际合作与标准化对于保障人类健康和环境安全具有重要意义。通过加强国际合作、推进标准化进程及应对新挑战与风险，我们可以共同推动化学品安全管理的全球进步和发展。然而，实现这一目标需要各国政府、国际组织、产业界和社会各界的共同努力和持续投入。我们期待更多的国际合作项目和标准化成果涌现，为化学品安全管理的全球治理贡献智慧和力量。

二、危险化学品的登记与监管制度

危险化学品由于其固有的易燃、易爆、有毒、有害等特性，在生产、储存、使用、运输和废弃等环节中，一旦发生事故，往往会对人民生命财产安全和生态环境造成严重损害。因此，建立并完善危险化学品的登记与监管制度，对于确保危险化学品的安全管理、预防和减少事故风险至关重要。下面将探讨危险化学品的登记与监管制度的必要性、主要内容、实施方式以及面临的挑战和改进措施。

（一）危险化学品登记与监管制度的必要性

1. 保障公共安全

危险化学品事故往往会造成人员伤亡、财产损失和环境污染等严重后果。建立完善的登记与监管制度，能够及时发现并控制潜在的安全隐患，减少事故发生的可能性，从而保障公众的生命财产安全。

2. 促进可持续发展

危险化学品的不当管理会对生态环境造成长期影响，甚至导致生态破坏。通过登记与监管制度，可以推动危险化学品的合理使用和废弃物的安全处理，促进经济与环境的协调发展。

3. 提高管理效率

登记与监管制度能够明确责任主体，规范管理流程，减少重复劳动和资源浪费，提高危险化学品管理的整体效率。

（二）危险化学品登记与监管制度的主要内容

1. 登记制度

登记范围：明确需要登记的危险化学品种类、数量、用途等信息。

登记程序：规定危险化学品生产、进口、使用等环节的登记流程和要求。

登记信息更新：要求相关单位定期更新危险化学品信息，确保数据的准确性和时效性。

2. 监管制度

监管主体：明确负责危险化学品监管的政府部门及其职责。

监管措施：制定监督检查、风险评估、事故应急等监管措施。

监管手段：运用信息化、大数据等现代科技手段，提高监管效能。

（三）危险化学品登记与监管制度的实施方式

1. 强化法律法规建设

制定和完善危险化学品登记与监管相关的法律法规，为制度的实施提供法律保障。

2. 明确责任主体

明确生产、储存、使用、运输和废弃等环节的责任主体，强化其安全管理责任。

3. 加强监督检查

定期开展监督检查，确保相关单位和个人遵守登记与监管制度，及时发现并纠正违规行为。

4. 推动信息化建设

利用现代信息技术手段，建立危险化学品登记与监管信息系统，实现信息共享和动态管理。

（四）危险化学品登记与监管制度面临的挑战与改进措施

1. 挑战

信息不对称：部分企业对危险化学品信息的申报和更新不及时、不准确，导致监管部门难以全面掌握实际情况。

监管能力不足：部分地区监管部门存在人员短缺、技术手段落后等问题，难以有效执行监管职责。

法律法规不完善：现有法律法规在某些方面存在空白或模糊地带，给监管工作带来一定困难。

2. 改进措施

加强宣传教育：提高企业和公众对危险化学品安全管理的认识，增强安全意识和责任感。

强化执法力度：加大对违规行为的查处力度，严厉打击违法违规行为。

完善法律法规：及时修订和完善相关法律法规，明确各方责任和义务，为监管工作提供更有力的法律支撑。

提升监管能力：加强监管队伍建设，提高监管人员的专业素质和执法水平；引入先进技术手段和设备，提升监管效能。

危险化学品的登记与监管制度是保障公共安全、促进可持续发展和提高管理效率的重要手段。通过强化法律法规建设、明确责任主体、加强监督检查和推动信息化建设等措施，我们可以不断完善这一制度，为危险化学品的安全管理提供有力保障。然而，面对信息不对称、监管能力不足和法律法规不完善等挑战，我们仍需继续努力，不断改进和完善相关制度和措施。我们期待通过持续的努力和创新，建立起更加高效、科学、合理的危险化学品登记与监管体系，为人民群众的生命财产安全和环境安全保驾护航。

三、危险化学品的风险评估与控制措施

危险化学品由于其潜在的危险性，对人类的生命财产和生态环境构成了严重威胁。因此，对危险化学品进行风险评估并采取适当的控制措施至关重要。下面将详细探讨危险化学品的风险评估方法、风险控制措施的选择与实施，以及这些措施在实际应用中面临的挑战和改进方向。

（一）危险化学品风险评估的重要性

风险评估是对危险化学品可能产生的危害进行定量或定性评估的过程。它有助于识别危险源、评估风险大小，并为制定风险控制措施提供科学依据。通过风险评估，可以预测并减少危险化学品在生产、储存、运输和使用过程中可能引发的安全事故和环境污染。

（二）危险化学品风险评估方法

1. 危险源识别

危险源识别是风险评估的第一步，包括识别危险化学品的物理、化学和生物特性，以及可能对人类和环境造成的危害。

2. 风险评估

风险评估是基于危险源识别结果，对危险化学品可能造成的危害进行定量或定性评估。常用的风险评估方法包括概率风险评估、后果分析和风险矩阵等。

3. 风险分级

根据风险评估结果，将危险化学品按照风险大小进行分级，有助于针对不同级别的风险采取相应的控制措施。

（三）危险化学品风险控制措施

1. 预防措施

预防措施旨在消除或减少危险化学品的风险源，例如优化生产工艺、改善储存条件、加强运输安全等。

2. 减轻措施

减轻措施是在危险化学品事故发生后，采取措施减轻其对人类和环境的影响，例如启动应急响应计划、组织救援行动、实施紧急疏散等。

3. 应急措施

应急措施是在危险化学品事故发生时，迅速、有效地应对事故，减少损失，包括建立应急预案、配备应急设备、组织应急演练等。

（四）风险控制措施的选择与实施

1. 根据风险评估结果选择合适的控制措施

针对不同级别的风险，选择相应的控制措施。对于高风险化学品，应优先考虑采取预防措施和减轻措施；对于低风险化学品，可适当采取应急措施。

2. 确保控制措施的有效性

实施控制措施时，应确保措施的有效性。例如，定期检查和维护设备设施、加强员工培训、增强安全意识等。

3. 持续改进和优化

根据风险控制措施的实施效果，不断改进和优化控制措施。通过总结经验教训、引入新技术和新方法，提高风险控制水平。

（五）风险控制措施在实际应用中面临的挑战与改进方向

1. 面临的挑战

在实际应用中，风险控制措施可能面临诸多挑战，如人员安全意识不足、监管不到位、资金投入不足等。

2. 改进方向

为应对这些挑战，可从以下几个方面进行改进：

加强宣传教育和培训，增强人员安全意识和风险意识。

完善监管制度，强化监管力度，确保控制措施的有效实施。

增加资金投入，引入先进技术和设备，提高风险控制能力。

建立信息共享和协作机制，加强企业、政府和社会各界的沟通与合作。

危险化学品的风险评估与控制措施对于保障人类生命财产安全和环境安全具有重要意义。通过科学的风险评估方法和有效的控制措施选择与实施，可以降低危险化学品的风险水平。然而，在实际应用中仍需关注面临的挑战，并不断改进和优化风险控制措施。我们期待通过技术创新、制度完善和社会各方的共同努力，进一步提高危险化学品的风险管理水平，为社会的可持续发展提供有力保障。

第四节　危化品废弃物的处置

一、危险化学品的废弃处置与资源化利用

随着化学工业的快速发展，危险化学品的产量日益增加，其废弃处置和资源化利用问题已成为环境保护和资源可持续利用的重要议题。危险化学品的废弃处置不当可能导致环境污染、资源浪费和安全隐患，因此，采取有效的废弃处置和资源化利用措施，对于保护生态环境、促进资源循环利用和保障人类健康具有重要意义。下面将探讨危险化学品的废弃处置原则、方法以及资源化利用的途径，并分析当前面临的挑战和未来的发展趋势。

（一）危险化学品废弃处置的原则

1. 安全第一

废弃处置危险化学品时，首要考虑的是安全因素，必须确保处置过程中不会对人员、环境和公共安全造成危害。

2. 环境保护

废弃处置危险化学品的过程中要尽可能减少对环境的污染，采取适当的措施，如废水、废气、废渣的处理，以防止有害物质释放到环境中。

3. 合规合法

废弃处置活动必须遵守相关法律法规和标准，确保合规合法，防止非法倾倒和处置。

（二）危险化学品废弃处置的方法

1. 物理处置

物理处置主要包括填埋、焚烧和固化等方法。填埋适用于一些不易降解的危险化学品；焚烧可以将有害物质转化为无害物质，但需注意燃烧过程中可能产生的二次污染；固化是将危险废物与固化剂混合，形成稳定的固体物质，便于储存和运输。

2. 化学处置

化学处置主要包括中和、氧化还原和沉淀等方法。这些方法可以改变危险化学品的化学性质，使其转化为低毒或无毒物质。

3. 生物处置

生物处置方法利用微生物的代谢作用，将危险化学品分解为无害或低毒物质。生物处置具有环保、成本低等优点，但处理周期较长，且对处理对象的适用性有一定限制。

（三）危险化学品的资源化利用途径

1. 回收再利用

对于具有回收价值的危险化学品，如废溶剂、废催化剂等，可通过回收再利用的方式，实现资源的循环利用。

2. 能源利用

某些危险化学品可以作为能源再利用，如废油、废轮胎等，通过燃烧或热解等方式，产生热能或电能。

3. 生产新材料

一些危险化学品经过处理和加工，可作为原料生产新材料，如废塑料可制成再生塑料颗粒，用于制造塑料制品。

（四）面临的挑战与改进措施

1. 面临的挑战

技术难题：部分危险化学品的废弃处置和资源化利用技术尚不成熟，处理效果不理想。

成本问题：部分处置和资源化利用方法成本较高，限制了其实际应用。

监管不足：部分企业和个人对危险化学品的废弃处置和资源化利用存在违规操作，监管力度有待加强。

2. 改进措施

加强技术研发：投入更多资源研发高效、低成本的废弃处置和资源化利用技术。

完善政策体系：制定更加严格的法律法规和标准，明确责任主体和处罚措施。

加大监管力度：建立健全的监管体系，加强对危险化学品废弃处置和资源化利用活动的监管和执法力度。

（五）未来发展趋势

1. 技术创新推动

随着科学技术的不断进步，未来危险化学品的废弃处置和资源化利用将更加依赖技术创新。新型材料、工艺和设备将不断涌现，为废弃处置和资源化利用提供更多可能。

2. 政策引导与支持

政府将进一步加大政策引导和支持力度，推动危险化学品的废弃处置和资源化利用行业健康发展，如通过提供税收优惠、资金扶持等措施鼓励企业加大投入力度。

3. 产业链协同发展

危险化学品的废弃处置和资源化利用将更加注重与上下游产业的协同发展，通过构建完善的产业链和循环经济体系实现危险化学品的全生命周期管理。

4. 国际合作与交流

面对全球性的环境问题和资源挑战，各国将加强在危险化学品废弃处置和资源化利用领域的国际合作与交流，共同推动相关技术的研发和应用推广。

危险化学品的废弃处置与资源化利用是环境保护和资源可持续利用的重要组成部分。通过遵循安全、环保和合规合法的原则，采取适当的废弃处置方法和资源化利用途径，可以有效减少环境污染、资源浪费和安全隐患。面对当前存在的挑战和未来发展趋势，我们需要加强技术研发、完善政策体系、加大监管力度，并推动产业链协同发展和国际合作与交流，为实现危险化学品的绿色管理和可持续发展贡献力量。

二、危险化学品的跨界转移与国际合作

随着全球化的深入发展，危险化学品的跨界转移已成为一个不容忽视的问题。这种转移可能涉及不同国家、地区甚至大陆之间的运输和处置，增加了风险和监管的复杂性。因此，加强国际合作，共同应对危险化学品跨界转移带来的挑战，显得尤为重要。下面将探讨危险化学品的跨界转移现象、国际合作的重要性、合作机制与实践，并分析面临的挑战和未来的发展趋势。

（一）危险化学品跨界转移的现象

危险化学品的跨界转移主要包括跨国运输、转口贸易和跨境处置等形式。随着全球贸易的增长和供应链的复杂化，这种跨界转移现象愈发普遍。例如，某些国家可能将危险化学品出口至其他国家以规避严格的国内环境法规，或者将废弃物转移至监管较松散的地区进行处置。

（二）国际合作的重要性

危险化学品跨界转移可能引发一系列环境问题，如污染跨境传播、生态破坏和公众健康风险等。因此，加强国际合作对于有效管理危险化学品跨界转移、减少环境污染和保障全球生态安全具有重要意义。通过国际合作，各国可以共享资源、技术和经验，共同制定和执行更加严格的监管措施，从而确保危险化学品的安全运输和合规处置。

（三）国际合作机制与实践

1. 国际法规与协议

为规范危险化学品的跨界转移，国际社会已制定了一系列国际法规与协议，如《巴塞尔公约》《鹿特丹规则》等。这些法规与协议为各国提供了共同遵循的标准和准则，有助于减少危险化学品跨界转移带来的风险。

2. 双边与多边合作

各国之间通过双边或多边合作的形式，共同应对危险化学品跨界转移问题。例如，签订双边协议、开展联合执法行动、建立信息共享机制等。这些合作形式有助于加强监管、提高处置效率并降低跨界转移的风险。

3. 国际组织的作用

国际组织如联合国环境规划署、国际原子能机构等在国际合作中发挥着重要作用。它们通过提供技术支持、政策建议和协调平台等方式，推动各国在危险化学品跨界转移问题上开展深入合作。

（四）面临的挑战与改进措施

1. 挑战

法规标准不统一：各国在危险化学品管理方面的法规和标准存在差异，可能导致监管套利和合规性问题。

信息不对称：危险化学品跨界转移涉及多个环节和多个国家，信息不对称可能导致监管失效和潜在风险。

技术和资源差距：发展中国家在危险化学品管理方面的技术和资源相对匮乏，可能影响其参与国际合作的能力。

2. 改进措施

加强法规标准的协调与统一：推动各国在危险化学品管理方面的法规和标准逐步趋同，减少监管套利和合规性问题。

强化信息共享与透明度：建立危险化学品跨界转移的信息共享平台，提高透明度和监管效率。

提供技术与资金支持：加强对发展中国家在危险化学品管理方面的技术与资金支持，帮助其提高参与国际合作的能力。

（五）未来发展趋势

1. 更加严格的国际法规与协议

随着全球环境保护意识的提高，未来国际社会可能会制定更加严格的法规与协议来规范危险化学品的跨界转移。

2. 强化区域合作与一体化进程

在区域层面，各国可能会加强合作与一体化进程，共同应对危险化学品跨界转移带来的挑战。例如，通过建立区域性的监管机制、信息共享平台和应急响应体系等方式加强合作。

3. 技术创新与绿色发展

技术创新将在危险化学品跨界转移管理中发挥越来越重要的作用。通过研发新型材料、工艺和设备等方式降低危险化学品的环境风险，推动绿色发展和可持续发展。

危险化学品的跨界转移是一个复杂而严峻的问题，需要国际社会共同努力来应对。通过加强国际合作、完善法规与协议、强化信息共享与透明度及提供技术与资金支持等方式，我们可以逐步减少危险化学品跨界转移带来的风险和挑战。我们期待通过更加紧密的国际合作和技术创新，推动危险化学品管理的绿色发展和可持续发展，为全球生态安全和人类健康贡献力量。

第四章　化工安全隐患排查与治理

在安全隐患排查方面，企业需要建立完善的排查制度和流程。这包括制订排查计划、明确排查范围和内容、确定排查方法和标准等，还需要建立隐患整改和跟踪制度，确保隐患得到及时整改和消除。

在治理方面，企业需要根据隐患的性质和严重程度制定相应的治理措施。对于一般性的安全隐患，可以通过加强管理和培训等方式进行整改；对于较为严重的安全隐患，则需要采取技术手段进行治理，如加固设备、改进工艺等。

第一节　隐患排查的基本概念与原则

化工生产作为国民经济的重要支柱，其安全生产事关人民群众的生命财产安全和社会稳定。然而，化工生产过程中存在诸多潜在的安全隐患，如设备故障、操作失误、物料泄漏等，这些隐患若不及时排查和治理，将可能引发严重的事故。因此，化工安全隐患排查与治理成为化工企业管理的重要一环。

一、隐患排查的基本概念

隐患排查，是指通过一系列的方法和手段，对化工生产过程中的潜在安全隐患进行全面、系统、深入的查找和识别。隐患排查的目的是及时发现并消除安全隐患，防止事故的发生，保障化工生产的安全稳定进行。

隐患排查通常包括以下几个步骤：第一步，确定排查的范围和对象，明确排查的重点和难点；第二步，选择合适的排查方法和技术手段，如现场检查、数据分析、专家评估等；第三步，对排查出的隐患进行分类、登记和评估，确定隐患的等级和危害程度；第四步，制定隐患治理方案，明确治理措施和时间节点，确保隐患得到及时有效的治理。

二、隐患排查的原则

在进行化工安全隐患排查时，应遵循以下原则：

（一）科学性原则

隐患排查应基于科学的方法和手段，确保排查结果的准确性和可靠性。要充分利用现代科技手段，如信息技术、数据分析等，提高排查效率和精度。

（二）全面性原则

隐患排查应覆盖化工生产的各个环节和领域，包括设备、工艺、管理等方面。要确保排查的全面性和系统性，不遗漏任何可能存在的安全隐患。

（三）预防性原则

隐患排查应以预防为主，注重事前控制和风险防范。通过排查和治理隐患，消除事故发生的根源，降低事故发生的概率和损失。

（四）持续改进原则

隐患排查应是一个持续改进的过程，要不断完善排查方法和手段，提高排查的针对性和有效性。同时，要加强对排查结果的跟踪和评估，确保治理措施得到有效执行。

三、隐患排查的重要性

化工安全隐患排查与治理对于保障化工生产的安全稳定具有重要意义。隐患排查有助于及时发现并消除潜在的安全风险，防止事故的发生，保障员工和公众的生命财产安全。隐患排查还有助于提高化工企业的安全管理水平，推动企业建立健全的安全管理体系，提升企业的整体竞争力。除此之外，隐患排查要有助于促进化工行业的可持续发展，为行业的健康发展提供有力保障。

总之，化工安全隐患排查与治理是化工企业管理的重要一环，应遵循科学性、全面性、预防性和持续改进的原则，确保排查结果的准确性和有效性。通过不断加强隐患排查与治理工作，可以提高化工生产的安全水平，为企业的稳定发展和社会的和谐稳定做出贡献。

第二节　隐患排查的方法与步骤

隐患排查作为化工企业安全生产的重要环节，其方法和步骤的合理与否直接影响到隐患发现的准确性和治理的有效性。因此，掌握科学的隐患排查方法和步骤对于化工企业来说至关重要。

一、隐患排查的主要方法

（一）日常检查法

日常检查法是最基础且常用的隐患排查方法。它主要依赖于企业安全管理人员和一线操作人员的日常观察和经验判断。相关人员通过定期对设备、工艺、操作等进行巡视和检查，及时发现异常情况和潜在隐患，并采取相应措施进行处理。日常检查法具有简便易行、灵活性强的特点，但也可能因个人经验和主观判断的差异而存在一定的局限性。

（二）专业评估法

专业评估法是指邀请具有专业资质和经验的机构或专家，对化工企业的安全生产状况进行全面、系统的评估。专家通过运用专业的知识和技术，对设备、工艺、管理等方面进行深入分析，找出存在的安全隐患并提出治理建议。专业评估法具有较高的准确性和可靠性，但成本较高且周期较长。

（三）技术检测法

技术检测法是利用先进的检测仪器和设备，对化工生产过程中的关键参数和指标进行实时监测和分析。通过检测数据的变化，及时发现异常情况并预警潜在隐患。技术检测法具有实时性强、准确性高的特点，但设备投入和维护成本较高。

（四）风险辨识与评估法

风险辨识与评估法是一种基于风险管理理论的隐患排查方法。它通过对化工生产过程中的风险因素进行辨识和评估，确定风险的等级和潜在后果，进而制定相应的风险控制措施。这种方法可以帮助企业系统地识别和管理风险，降低事故发生的可能性。

二、隐患排查的具体步骤

（一）明确排查目标和范围

在进行隐患排查前，首先要明确排查的目标和范围。根据企业的实际情况和安全生产要求，确定需要排查的设备、工艺、管理等方面，并明确排查的重点和难点。

（二）选择合适的排查方法

根据排查目标和范围，选择合适的排查方法。可以根据企业的实际情况和资源条件，综合运用日常检查法、专业评估法、技术检测法、风险辨识与评估法等多种方法，确保排查的全面性和准确性。

（三）开展现场检查和检测

在确定排查方法后，组织专业人员进行现场检查和检测，对设备、工艺、操作等方面进行全面、细致的检查，并记录相关数据和情况。对于需要利用仪器进行检测的项目，要确保检测设备的准确性和可靠性。

（四）隐患识别与分类

根据现场检查和检测的结果，对发现的隐患进行识别和分类。根据隐患的性质、严重程度和潜在后果，将其分为一般隐患、重大隐患等不同等级，并制定相应的治理措施和优先级。

（五）隐患记录与报告

对识别出的隐患进行详细记录，包括隐患的名称、位置、描述、等级等信息。同时，编制隐患排查报告，对排查过程和结果进行全面描述和分析，提出治理建议和措施。隐患记录和报告应作为后续隐患治理和跟踪的重要依据。

（六）隐患治理与跟踪

根据隐患排查报告，制定详细的隐患治理方案，明确治理措施、责任人和时间节点。组织相关人员进行治理工作，确保隐患得到及时有效的消除。同时，建立隐患跟踪机制，定期对治理情况进行检查和评估，确保治理措施的有效性和可持续性。

三、隐患排查的注意事项

在进行隐患排查时，需要注意以下几点：

（一）确保排查人员的专业性和责任心

排查人员应具备相关的专业知识和经验，能够准确识别和处理隐患。同时，要增强排查人员的责任心和安全意识，确保排查工作的质量和效果。

（二）注重排查的全面性和系统性

隐患排查应覆盖化工生产的各个环节和领域，确保不留死角。同时，要注重系统性思维，从整体上把握企业的安全生产状况，找出潜在的风险和隐患。

（三）加强隐患排查与治理的闭环管理

要建立完善的隐患排查与治理制度，确保排查出的隐患能够得到及时有效的治理。同时，要加强对治理过程的跟踪和评估，确保治理措施的有效性和可持续性。

（四）充分利用信息技术提升排查效率

可以引入先进的信息技术和管理系统，如安全生产信息化平台、隐患排查治理系统等，提高排查工作的效率和准确性。通过数据分析和智能预警等功能，实现对隐患的及时发现和处理。

隐患排查作为化工企业安全生产的重要环节，需要掌握科学的方法和步骤。通过选择合适的排查方法、开展现场检查和检测、识别与分类隐患、记录与报告及治理与跟踪等措施，可以确保隐患得到及时有效的消除，提高企业的安全生产水平。

第三节　化工企业安全隐患与治理措施

通过对化工企业的消防监督检查，发现这些企业在生产中使用的原料、成品、半成品几乎都是易燃、易爆、强腐蚀、剧毒物质，生产大多在高温、高压、高速、腐蚀等严酷条件下完成，致灾因素多。而且操作人员存在安全管理意识差、有效防范措施不到位的情况，一旦发生火灾爆炸事故，极容易造成严重的人员伤亡、财产重大损失的后果。

这种现状使得化工企业现已成为当今消防部门及整个社会安全防范的重要对象之一。因此，认真分析中小型化工企业火灾事故特点、存在的问题及火灾事故原因，积极落实火灾预防措施，控制火灾事故发生，减少火灾事故损失，是当前消防安全工作的一项重要内容。

一、化工企业的火灾特点

（一）极易造成人员伤亡和财产损失

化工企业生产、加工、储存的化工原料、化工产品本身具有高度的易燃易爆性、易腐蚀性和有毒性，一旦发生火灾或泄漏事故，容易发生连环爆炸、迅速燃烧等，不但导致生产停顿、设备损坏，也极容易造成重大人员伤亡和财产损毁。

（二）容易造成环境污染

多数化工产品、副产品和排放物都属于工业毒物，带有毒性、腐蚀性。消防部门在灭火稀释等过程中，部分泄漏产品极易给大气或江河造成污染，影响广泛、治理难度大，给消防部门处置这类事故带来困难。

（三）火灾扑救难度大

一是扑救前疏散难，化工安全事故一般来说现场都很复杂，常伴随着燃烧爆炸，火势蔓延猛烈，影响范围广，常常在施救前，要先对四周一定范围内的居民进行疏散；

二是技术要求较高，由于化工产品的多样性、化学反应也大不相同，在扑救过程中，需要根据化工产品的特性进行不同方法的抢救；

三是容易造成救援人员伤亡，有毒气体和连环爆炸常会威胁到灭火救援人员的安全，造成救援人员伤亡等严重后果，通常会给火灾扑救工作造成很大的困难。

二、化工企业存在的火灾隐患

（一）企业负责人消防安全意识淡薄

部分化工企业属于招商引资企业，在建厂房时未到消防部门申报，擅自施工，导致存在先天性的火灾隐患。在生产中，企业负责人为了片面追求经济效益最大化，置企业生产安全和员工安全于不顾，尽可能节省其他开支，从而导致企业没有完善的消防组织，缺乏专业的管理人才，消防安全管理无人问津。

（二）消防基础设施不完善

有些化工企业由于单位领导对消防工作的重要性认识不足或经费缺乏等，没有配备必要的消防器材、室内外消火栓等消防基础设施，一旦发生火灾，灭火设施无法有效控制初起火灾，极易造成火势的失控，给企业带来巨大的经济损失，甚至是人员伤亡。

（三）消防安全责任制得不到落实

企业未按要求层层落实消防安全责任，建立消防安全组织网络，未明确负责消防安全的管理部门或专兼职消防安全管理人员，导致日常消防安全管理工作无人问津，生产现场管理混乱、物品乱堆乱放、疏散通道不畅，甚至还存在安全出口上锁等现象。不少中小型化工企业为追求经济效益最大化，在消防安全管理上减少人员、资金投入，往往是一人身兼数职，甚有的业主既当老板又当消防安全管理人员，导致消防安全管理工作根本无法落实。

（四）从业人员未经消防安全培训

部分化工企业多为私营或联营，从业人员流动性大，许多员工没有经过必要的消防培训，对化学危险品的特性和操作规程及注意事项不熟悉，容易因违章操作而引发火灾。火灾发生后，此类人员往往因缺乏火灾扑救及逃生等消防常识，贻误火灾扑救的最佳时机。

（五）火灾事故原因

化工企业火灾爆炸及中毒事故的频繁发生，压力容器的爆炸及反应物的超音速爆轰，都会产生破坏力极强的冲击波。

生产过程事故多。化工生产中的副反应生产、处于临界状态或爆炸极限附近的生产都易引发火灾事故。

设备破损引起爆炸泄漏。生产原料的腐蚀、生产压力的波动、生产流程中的机械振动引起的设备疲劳性损坏以及高温深冷等压力容器的破损；设备设计的不合理、加工工艺的缺陷等，经过生产运行的疲劳性催化，致使设备破损，极易引起爆炸泄漏。

设备老化引发事故。任何化工设备、装置在生产运行中受生产条件影响及本身材质、性能限制都有一定的使用寿命，如高负荷的塔槽、压力容器、反应釜、经常开启的阀门等，运行一定时间后，就会进入多发事故期。特别是化工企业生产经营不景气，维护管理不到位，设备经常带"病"作业，一旦进入故障的多发期，事故将很难控制。

操作失误引发事故。化工企业工艺流程复杂，工艺参数多，自动化控制程度高，操作要求高，误操作也是引起火灾的一个原因。误操作有管理上的问题，也有操作人员业务素质上的问题。

违章动火酿成事故。设备检修往往都是在易燃易爆的化工装置区域内进行焊接与切割作业，使用喷灯、电钻、砂轮等可能产生火焰、火花和赤热表面的临时性作业。违章动火主要体现在违章指挥，动火审批不严；贸然动火酿成火灾；现场监护不力；现场措施不力。

习惯性违章引发事故。员工对操作系统的操作要求、物理化学特性，工艺流程研究不透彻；随意删改安全操作规程；缺乏针对性的岗位培训；监管机制不力等都会引发事故。

电气设备选型不当引发事故。化工生产设备及电器线路如果未选用防爆型产品或未经防爆处理，泄漏的可燃液体或气体遇机械摩擦或电气火花极易发生火灾爆炸事故。

静电积聚引发事故。化学溶剂在管道和设备中流动会因摩擦而产生静电，如果静电不能及时导除造成电荷积累，导致火花放电引起火灾爆炸事故。

三、火灾预防措施

(一) 科学规划，合理布局

对化工企业的选址要考虑周围的环境条件，散发可燃气体、蒸气和可燃粉尘厂房的位置、风向、安全距离、水源情况等因素，尽可能地将其设置在城市的郊区或边缘，从而减轻事故发生后的危害。

(二) 严把建筑工程审验和设备选型关

严格督促化工企业必须严格遵守有关防火设计规范以及城市消防总体规划，根据化工企业特点和火灾危险性，充分考虑防火分隔、通风、防泄漏、防爆泄压、消防设施等因素，按照规定要求严格把关，从而消除火灾隐患。

(三) 落实防静电处理措施

化工生产的设备均应做好静电接地。接地点应牢固，对可燃、易燃且在流动过程中能易产生静电的液体或气体的管道，在法兰处应采用导电性能好的材料（如紫铜片）进行静电跨接，使整个生产过程中的设备和管线的接地电阻值不大于规范要求。

（四）加大消防设施的投入，加强管理

一是化工企业必须清醒地认识到做好安全工作产生的隐性效益，根据企业化工产品本身及生产工艺流程的火灾危险性，投入足够资金，配足配够消防器材设施，且设置并维护好消防设施。厂区内应保证充足的消防水源，按照要求设置室内外消防栓，在重要危险部位配备足够且合适的灭火器等。在防止引火源方面，应采取控制使用明火源，正确选用电气设备，设置良好接地等防止电火花、静电火花产生。

二是把好设施运行关，落实防高温、防泄漏、防雷击、防爆炸的工作措施。高温情况下，应严格监控生产设备和储罐等设施的温度变化，按照有关规章的要求及时进行降温、通风；建立健全化工行业设施安全状况监督机制，要求企业对不符合生产、储存要求的设备坚决予以更换或及时进行维修，从硬件源头上防止事故的发生，为化工企业的安全打下基础。

（五）严格动火审批，加强防范措施

在易燃易爆的化工装置区域进行焊接与切割作业，往往要使用喷灯、电钻、砂轮等可能产生火焰、火花和赤热表面的工具，所以必须严格执行动火程序。动火程序主要包括拆卸拿离、隔离遮盖、清理现场、清洗置换、检查审批、安全测爆、规范作业、熄火清场八个方面。

（六）强化教育培训，提高从业人员素质

结合企业特点和季节的特点，对企业员工开展有针对性的教育。一是化工企业员工要相对稳定，对员工开展常态化的消防安全教育，使之熟练掌握本行业安全操作规程，持证上岗。二是对职工的消防安全教育工作，不仅要进行初起火灾的扑救训练，更要进行消防法律法规的教育。结合企业的特点，因地制宜对全体员工进行正确的消防报警、熟练使用灭火设备、灭火器材、火场安全逃生的消防知识和消防技术的教育，不断提高职工业务素质水平和生产操作技能，提高职工事故状态下的应变能力。

（七）制定切实预案、提高防控火灾能力

化工企业要结合企业的实际情况，对重点要害、薄弱环节、死角死面制定相应的火灾事故应急预案，变被动预防于主动预防，变静态预防于动态预防，定期开展实战演习，经常开展有针对性的灭火演练，使员工熟悉本行业火灾扑救和逃生的基本方法。此外，按一定的比例选拔精干力量，在不脱离各自生产、工作岗位的基础上，成立义务消防队。同时当地政府要针对化工企业火灾、爆炸的特点，组织由政府、消防、安监、环保、卫生、供水、供电等部门参加的应急救援行动组，制定相应应急处置预案，适时加强演练，确保一旦发生事故后能迅速启动应急预案，将事故的损失降低到最低程度。

总之，化工企业消防安全关系人民群众的生命财产安全，关系社会的平安稳定、

和谐发展。千万不可麻痹大意和侥幸疏忽，只有坚持与时俱进、不断探索，才能真正掌握小型化工企业防火工作的要点，认真细致地做好防范工作，最大限度地降低发生火灾爆炸事故的概率，确保企业安全稳定。

第四节 化工生产过程中的污染物处理

一、化工生产过程中的污染物排放与控制

化工生产，作为现代工业的重要组成部分，为人类社会的进步提供了巨大的物质支持。然而，伴随着生产活动的进行，污染物排放问题也日益凸显，给生态环境和人体健康带来了严重威胁。因此，探讨化工生产过程中的污染物排放与控制问题，对于实现化工产业的绿色、可持续发展具有重要意义。

（一）化工生产过程中的主要污染物

化工生产是一个复杂的工艺过程，涉及多种原料、中间体和产品的使用与生成。因此，在生产过程中不可避免地会产生各种污染物。这些污染物种类繁多，且多数具有有毒、有害的特性。以下是化工生产过程中常见的主要污染物类型：

1. 废气

化工生产过程中，废气是主要的污染物之一。废气中通常含有多种有害气体和颗粒物，如二氧化硫、氮氧化物、一氧化碳、挥发性有机化合物（VOCs）等。

2. 废水

化工生产废水通常含有高浓度的有毒有害物质，如重金属离子（如铅、汞、镉等）、有机物（如苯、酚、氰化物等）、油类等。

3. 废渣

化工生产过程中产生的废渣主要包括固体废弃物和污泥等。这些废渣往往含有大量有毒有害物质，如重金属、有机物等。

（二）污染物排放对环境和人体的影响

化工生产过程中的污染物排放对环境和人体健康的影响是多方面的，且往往具有长期性和累积性。以下是污染物排放对环境和人体健康的主要影响：

1. 对环境的影响

大气污染：废气排放导致的大气污染不仅影响空气质量，还可能引发酸雨、温室效应等环境问题。酸雨会破坏植被和建筑物，对生态系统造成长期损害；温室效应则会加剧全球气候变化，对全球环境产生深远影响。

水体污染：废水排放导致的水体污染会破坏水生生态，影响水质，甚至威胁饮用水安全。长期的水体污染可能导致水生生物死亡、水体富营养化等问题，严重影响生

态系统的稳定。

土壤污染：废渣的堆积和排放会导致土壤污染，影响农作物的生长和品质。土壤污染可能导致农作物吸收有毒有害物质，进而对人体健康产生潜在威胁。

2. 对人体健康的影响

直接健康危害：污染物中的有毒有害物质可能通过呼吸、摄入、皮肤接触等途径进入人体，对人体健康造成直接危害。例如，长期暴露于高浓度的废气中可能导致呼吸道疾病、心血管疾病等；摄入含有有毒有害物质的饮用水或食物则可能导致中毒、癌症等疾病。

间接健康危害：污染物排放还可能通过食物链进入人体，对人体健康造成间接危害。例如，含有重金属的废渣可能通过渗透、淋滤等方式进入地下水体，进而污染农作物和水产品，最终影响人体健康。

化工生产过程中的污染物排放对环境和人体健康的影响是严重的、多方面的。因此，在化工生产过程中必须采取严格的环保措施和排放标准，确保污染物的有效治理和减排，以保障环境安全和人体健康。同时，还需要加大环境监管和执法力度，确保企业遵守环保法规和标准，共同推动化工行业的绿色、可持续发展。

（三）污染物排放控制技术

为了减少化工生产过程中的污染物排放，需要采取一系列有效的控制技术。针对废气排放，可以采用吸收、吸附、催化转化等方法进行处理；针对废水排放，则可以采用物理、化学、生物等方法进行净化处理；针对废渣，可以采取资源化利用、无害化处理等方法进行处理。这些技术的选择和应用需要根据具体的污染物种类、排放浓度和排放标准等因素进行综合考虑。

（四）污染物排放管理政策与法规

为了加强化工生产过程中的污染物排放管理，各国政府都制定了一系列相关的政策和法规。这些政策和法规通常包括排放标准、排放许可、排污费征收、环境监管等方面的内容。通过实施这些政策和法规，可以有效地促进化工企业加强污染物排放控制，减少环境污染。

（五）化工生产过程中的绿色技术与清洁生产

为了实现化工产业的绿色、可持续发展，需要大力推广绿色技术和清洁生产方式。绿色技术是指在化工生产过程中采用环保、高效、低耗的技术和设备，减少污染物的产生和排放的技术。清洁生产则是一种全新的生产理念，它强调在产品设计、原料选择、生产工艺、废弃物处理等各个环节都注重环境保护和资源利用效率的提高。通过推广绿色技术和清洁生产方式，可以有效地降低化工生产过程中的污染物排放，实现经济效益和环境效益的双赢。

化工生产过程中的污染物排放与控制问题是一个复杂而紧迫的议题。通过深入了解污染物的种类、排放途径和危害程度，采取科学有效的控制技术和管理措施，可以有效地降低污染物排放，保护生态环境和人体健康。未来，随着科技的不断进步和人们环保意识的日益增强，我们相信化工产业将实现更加绿色、可持续的发展。

二、环境监测与污染源追踪技术

环境监测与污染源追踪技术是环境保护和污染控制领域的关键技术，对于有效管理化工生产过程、确保环境质量和保障公众健康具有重要意义。下面将详细探讨环境监测的基本原理、方法以及污染源追踪技术的应用与发展。

（一）环境监测的基本原理与方法

环境监测是指通过科学手段对环境中各种污染物的种类、浓度、分布和变化趋势进行系统观测、分析和评价的过程。其基本原理主要包括代表性、准确性和可比性三个原则：代表性原则要求监测数据能够真实反映环境状况；准确性原则要求监测结果准确可靠；可比性原则要求监测数据在不同时间、不同地点具有可比性。

环境监测的方法多种多样，包括物理监测、化学监测和生物监测等。物理监测主要利用物理原理和设备对环境中的物理量进行测量，如温度、湿度、压力等；化学监测则通过化学分析手段对环境中的化学物质进行定量和定性分析；生物监测则利用生物体对环境变化的敏感性和指示性，对环境质量进行评估。

（二）污染源追踪技术的概念与应用

污染源追踪技术是指通过一系列科学手段和方法，对污染源进行定位、识别、量化和溯源的过程。其目的在于为环境管理和决策提供科学依据，为污染控制和治理提供有效手段。

污染源追踪技术主要包括同位素示踪技术、化学指纹技术、受体模型技术等。同位素示踪技术利用同位素标记的化学物质在环境中的迁移转化规律，对污染源进行追踪和定位；化学指纹技术则通过分析污染物的化学成分和特征，识别污染源的类型和来源；受体模型技术则通过建立数学模型，模拟污染物的传输和扩散过程，对污染源进行量化和溯源。

（三）环境监测与污染源追踪技术的结合应用

环境监测与污染源追踪技术的结合应用，可以更好地理解环境污染的状况和机制，为环境管理和决策提供更为全面和科学的依据。例如，通过环境监测发现某一区域的污染物浓度超标，可以进一步利用污染源追踪技术对该区域的污染源进行定位和识别，从而有针对性地采取污染控制措施。

（四）技术创新与未来发展

随着科学技术的不断进步，环境监测与污染源追踪技术也在不断创新和发展。一方面，新型传感器、遥感遥测、大数据等技术的应用，使得环境监测更加快速、准确和高效；另一方面，分子生物学、纳米技术等前沿技术的引入，也为污染源追踪提供了新的思路和方法。

未来，环境监测与污染源追踪技术将更加注重实时监测、智能化分析和精准定位。同时，随着全球环境问题的日益严峻，跨国界、跨区域的环境监测与污染源追踪合作也将成为未来的重要趋势。

环境监测与污染源追踪技术是环境保护和污染控制领域的重要支撑。通过深入研究和应用这些技术，我们可以更好地了解环境状况，发现污染问题，为环境管理和决策提供科学依据。同时，我们也应看到，当前的环境监测与污染源追踪技术仍面临诸多挑战和问题，需要不断加强技术创新和合作交流，推动这些技术的不断进步和发展。

三、废水处理与资源化利用技术

废水处理与资源化利用技术是解决化工生产过程中产生的大量废水问题的关键。随着环境保护意识和可持续发展理念的深入人心，废水处理与资源化利用已成为化工领域研究的热点和重点。下面将详细探讨废水处理的基本方法、资源化利用的途径及未来发展趋势。

（一）废水处理的基本方法

废水处理主要包括物理处理、化学处理、生物处理等方法。物理处理主要通过过滤、沉淀、吸附等手段去除废水中的悬浮物、颗粒物等；化学处理则利用化学反应原理，通过中和、氧化还原、沉淀等方式去除废水中的有害物质；生物处理则利用微生物的代谢作用，将废水中的有机物分解为无害物质。

在实际应用中，废水处理通常需要根据废水的性质和处理目标选择合适的处理方法。例如，对于含有重金属离子的废水，可以采用化学沉淀法或离子交换法进行处理；对于含有大量有机物的废水，则可以采用生物处理法进行处理。

（二）资源化利用的途径

废水处理不仅是为了去除有害物质，更重要的是实现废水的资源化利用。资源化利用的途径主要包括废水回用、能源回收、物质回收等。

废水回用是指将经过处理的废水再次用于生产或生活用水。这不仅可以减少新鲜水资源的消耗，还可以降低废水排放对环境的影响。在实际应用中，废水回用需要确保水质达到相应的回用标准，避免对生产或生活造成不良影响。

能源回收是指从废水中提取热能、电能等能源进行再利用。例如，可以利用废水中的热能进行供暖或发电；通过微生物燃料电池等技术，还可以将废水中的有机物转化为电能。

物质回收则是指从废水中提取有价值的物质进行再利用。例如，可以从废水中回收金属离子、有机物等，用于生产原料或化学品。

（三）技术创新与未来发展

随着科技的进步和环保要求的提高，废水处理与资源化利用技术也在不断创新和发展。一方面，新型材料、新工艺的应用提高了废水处理的效率和效果；另一方面，信息技术、智能控制等现代技术的应用也为废水处理与资源化利用提供了更加智能化和精准化的解决方案。

未来，废水处理与资源化利用技术的发展将更加注重以下几个方面：一是提高处理效率和效果，降低处理成本；二是加强废水中有价值物质的回收和利用，提高资源利用效率；三是推动废水处理与资源化利用技术的集成和创新，实现废水处理与资源利用的协同优化；四是加强政策引导和法规制定，推动废水处理与资源化利用技术的广泛应用和普及。

废水处理与资源化利用技术是解决化工生产过程中废水问题的关键。通过合理选择废水处理方法、推动资源化利用途径的创新和发展、加强技术创新和政策引导等措施，可以有效降低废水排放对环境的影响，实现废水的资源化利用和可持续发展。未来，随着科技的不断进步和环保要求的日益提高，废水处理与资源化利用技术将迎来更加广阔的发展空间同时面临更多挑战。我们期待通过不断研究和实践，推动废水处理与资源化利用技术的不断进步和发展，为保护环境、实现可持续发展做出更大的贡献。

四、废气治理与排放标准

废气治理是化工生产过程中的重要环节，旨在减少有害气体的排放，保护环境和人类健康。随着环保法规的日益严格和公众对空气质量要求的提高，废气治理与排放标准成为化工产业可持续发展的关键。下面将详细探讨废气治理的基本方法、排放标准及其制定过程，以及未来发展趋势。

（一）废气治理的基本方法

废气治理的基本方法主要包括物理治理、化学治理和生物治理。物理治理主要利用物理原理，如吸附、过滤、冷凝等，去除废气中的颗粒物和有害气体；化学治理则通过化学反应，如中和、氧化、还原等，将有害气体转化为无害物质；生物治理则利用微生物的代谢作用，将废气中的有机物分解为无害物质。

在实际应用中，废气治理方法的选择应根据废气成分、浓度、排放标准和治理成本等因素综合考虑。例如，对于含有硫氧化物的废气，可以采用湿式氧化法或干式吸收法进行治理；对于含有挥发性有机化合物的废气，则可以采用活性炭吸附法或生物过滤法进行治理。

（二）排放标准及其制定过程

排放标准是指规定的废气中各种有害物质的最高允许排放浓度或排放量。制定排放标准的过程通常包括科学研究、风险评估、公众参与和政策制定等步骤。

科学研究是制定排放标准的基础，通过对废气中有害物质的环境影响和健康影响进行深入研究，为制定科学、合理的排放标准提供依据。风险评估则是对废气排放可能对环境和人类健康造成的影响进行评估，为制定排放标准提供决策支持。公众参与是制定排放标准的重要环节，通过公开征求意见、听证会等方式，让公众参与到排放标准的制定过程中，提高排放标准的透明度和公信力。

在制定排放标准时，需要综合考虑多种因素，包括环境容量、技术可行性、经济成本、社会接受度等。同时，排放标准也需要根据科技进步和环保要求的提高进行不断更新和调整。

（三）废气治理技术的发展趋势

随着科技的进步和环保要求的提高，废气治理技术也在不断创新和发展。未来，废气治理技术的发展将呈现以下几个趋势：

高效化与集成化：废气治理技术将更加注重高效化和集成化，通过优化治理工艺和设备，提高治理效率和效果，降低治理成本。

智能化与自动化：随着信息技术和智能控制技术的发展，废气治理技术将实现智能化和自动化，通过实时监测、智能分析和自动调节等手段，提高治理精度和稳定性。

资源化与循环化：废气治理技术将更加注重资源化和循环化，通过废气中有价值物质的回收和利用，实现资源的循环利用和减量化排放。

多技术融合：未来废气治理技术的发展将更加注重多技术融合，通过物理、化学、生物等多种技术的组合和优化，实现废气治理的综合效果和优化。

废气治理与排放标准是化工生产过程中的重要环节，对于保护环境和人类健康具有重要意义。通过不断研究和应用新的废气治理技术、制定科学合理的排放标准并加大监管和执法力度等措施，可以有效降低化工生产过程中的废气排放对环境和人类健康的影响。

未来，随着科技的不断进步和环保要求的不断提高，废气治理技术将迎来更加广阔的发展空间。我们期待通过不断研究和实践，推动废气治理技术的不断创新和发展，为保护环境实现可持续发展做出更大的贡献。同时我们也应看到废气治理是一个长期而复杂的过程，需要政府、企业和社会各界的共同努力和合作，才能实现真正的环保和可持续发展。

第五节 化工废弃污染物处理技术

一、固体废弃物处理与处置技术

随着人类社会的发展和进步、固体废弃物的产生量逐年增长，如何有效地处理与处置这些废弃物，减少对环境的污染和危害，已成为当前环境保护领域的重要课题。固体废弃物处理与处置技术的研发和应用，对于实现可持续发展、构建资源节约型和环境友好型社会具有重要意义。

（一）固体废弃物的分类

固体废弃物可根据其来源、性质和处理方式的不同，分为多种类型。常见的分类方法包括：按来源分为工业固体废弃物、生活垃圾、农业固体废弃物等；按性质分为有机废弃物、无机废弃物、危险废弃物等。不同类型的固体废弃物需要采用不同的处理与处置技术。

（二）固体废弃物的处理技术

1. 物理处理技术

主要包括分拣、破碎、压缩、分选等方法。通过这些物理手段，可以减少废弃物的体积，便于后续处理或资源化利用。

2. 化学处理技术

主要包括焚烧、热解、化学稳定化等方法。这些方法可以将废弃物中的有害物质转化为无害或低害物质，同时实现能量的回收和利用。

3. 生物处理技术

主要包括堆肥、厌氧消化、生物降解等方法。通过微生物的作用，可以将有机废弃物转化为肥料或生物能源，实现废弃物的资源化利用。

（三）固体废弃物的处置技术

填埋技术是一种常见的固体废弃物处置方法。通过选择合适的填埋场地和填埋材料，将废弃物进行分层填埋并覆盖，使其在一定时间内达到稳定状态。填埋技术具有操作简单、成本低廉等优点，但也可能引发地下水污染、土壤污染等问题。

1. 土地利用技术

将经过处理的固体废弃物用于土地改良或填充材料，可以实现废弃物的资源化利用。这种技术不仅可以减少废弃物的排放量，还可以改善土壤质量，提高土地利用效率。

2. 海洋处置技术

将固体废弃物倾倒或排放到海洋中是一种极端的处置方法。然而，由于海洋环境的复杂性和敏感性，这种方法可能对海洋生态系统造成严重的破坏和污染。因此，海洋处置技术应谨慎使用，并受到严格监管和限制。

（四）固体废弃物处理与处置技术的发展趋势

随着科技的不断进步和环境保护要求的提高，固体废弃物处理与处置技术也在不断发展和创新。未来，技术的发展趋势将主要体现在以下几个方面：

1. 高效节能技术

研发和应用更加高效节能的处理与处置技术，降低能耗和排放，提高资源利用效率。

2. 环保安全技术

加强环保安全技术的研发和应用，确保处理与处置过程中不会对环境和人体健康造成危害。

3. 智能化技术

利用大数据、人工智能等先进技术，实现固体废弃物的智能分类、智能管理和智能监控，提高处理与处置的效率和准确性。

4. 循环利用技术

推动固体废弃物的循环利用和资源化利用，实现废弃物的减量化、无害化和资源化，促进可持续发展。

固体废弃物处理与处置技术是环境保护领域的重要组成部分。通过不断研发和应用新技术、新方法，我们可以更有效地处理与处置固体废弃物，减少其对环境的污染和危害，推动可持续发展。同时，我们也需要加强环境保护意识，倡导绿色生活方式，共同为建设美丽中国贡献力量。

二、土壤污染修复与治理技术

土壤是人类生存和发展的重要基础资源，然而，随着工业化和城市化的快速发展，土壤污染问题日益严重。土壤污染不仅影响农作物的产量和质量，还可能通过食物链对人类健康造成潜在威胁。因此，土壤污染修复与治理技术的研发和应用显得尤为重要。下面将对土壤污染修复与治理技术进行深入探讨，以期为土壤保护和生态环境改善提供有益参考。

（一）土壤污染概述

土壤污染是指由于人类活动导致的土壤中有害物质含量超过土壤自净能力，从而对土壤生态系统和人类健康造成危害的现象。土壤污染物的种类繁多，包括重金属、有机物、放射性物质等。这些污染物可能通过食物链进入人体，影响人体健康。

（二）土壤污染修复技术

1. 物理修复技术

物理修复技术主要包括换土、深翻、客土、热解吸等方法。这些方法可以直接去除或降低土壤中污染物的含量，但可能存在成本较高、操作困难等问题。

2. 化学修复技术

化学修复技术主要包括土壤淋洗、化学氧化、化学还原等方法。这些方法可以通过改变污染物的化学性质，将其转化为无害或低害物质。然而，化学修复技术可能引入新的污染物，对环境造成二次污染。

3. 生物修复技术

生物修复技术主要包括微生物修复、植物修复、动物修复等方法。这些方法利用生物体的代谢活动降解或转化土壤中的污染物，具有环境友好、成本低廉等优点。其中，微生物修复技术是目前应用最广泛的一种生物修复技术。

（三）土壤污染治理技术

1. 预防控制技术

预防控制技术是土壤污染治理的首要任务。加强环境监管，严格控制工业和农业废弃物的排放，减少土壤污染源的产生，是预防土壤污染的关键。

2. 监测评估技术

监测评估技术是土壤污染治理的重要支撑。通过对土壤污染状况进行定期监测和评估，可以及时发现土壤污染问题，为制定治理措施提供科学依据。

3. 综合治理技术

综合治理技术是指综合运用多种技术手段，对土壤污染进行综合治理。这包括污染源的治理、污染土壤的修复、生态环境的恢复等多个方面。综合治理技术的目标是实现土壤污染的有效治理和生态环境的持续改善。

（四）土壤污染修复与治理技术的发展趋势

随着科技的不断进步和环境保护要求的提高，土壤污染修复与治理技术也在不断发展和创新。未来，技术的发展趋势将主要体现在以下几个方面：

1. 绿色环保技术

研发和应用更加环保、低污染的修复与治理技术，减少对环境的二次污染和破坏。

2. 高效节能技术

提高修复与治理技术的效率和节能性能，降低治理成本，促进技术的推广应用。

3. 智能化技术

利用大数据、人工智能等先进技术，实现土壤污染的智能监测、智能评估和智能治理，提高治理的精准性和效率。

4. 综合治理技术

加强多学科交叉融合，研发和应用更加综合、系统的治理技术，实现土壤污染的综合治理和生态环境的整体改善。

土壤污染修复与治理技术是保护土壤生态环境和人类健康的重要手段。通过不断研发和应用新技术、新方法，我们可以更有效地修复和治理土壤污染，实现土壤资源的可持续利用和生态环境的持续改善。同时，我们也需要加强环境保护意识，倡导绿色生活方式，共同为建设美丽中国贡献力量。

三、噪声、振动与辐射污染的防治技术

随着现代工业、交通和科技的快速发展，噪声、振动和辐射污染问题日益突出，

对生活环境和人类健康造成了严重影响。为了有效应对这些污染问题，需要采取一系列有效的防治技术。下面将重点探讨噪声、振动和辐射污染的防治技术，以期为环境保护和人类健康贡献一份力量。

对于无法避免的高辐射环境，可以通过佩戴防护服、防护眼镜等个人防护设备，减少辐射对接收者的直接伤害。除此之外，还可以通过合理安排工作时间、工作地点等方式，减少人员在高辐射环境中的暴露时间。

噪声、振动和辐射污染是当前环境保护领域面临的重要问题之一。通过采取一系列有效的防治技术，可以有效降低这些污染对环境和人体的影响。然而，随着科技的不断进步和工业的快速发展，新的污染问题也在不断涌现。因此，我们需要继续加强技术研发和创新，不断完善和更新防治技术，以应对日益严峻的环境保护挑战。同时，我们也需要加强环境保护意识，倡导绿色生活方式，共同为建设美丽中国贡献力量。

四、环境污染治理技术的创新与研发

随着人类活动的不断发展和工业化进程的加速，环境污染问题日益严重，对生态环境和人类健康造成了巨大威胁。为了有效应对环境污染问题，环境污染治理技术的创新与研发显得尤为重要。通过技术创新和研发，可以不断提升环境治理技术的效率和效果，为环境保护事业提供有力支撑。下面将重点探讨环境污染治理技术的创新与研发，以期为环境保护工作提供有益参考。

（一）环境污染治理技术的创新方向

1. 高效能治理技术

针对不同类型的污染物，研发高效能的治理技术，提高治理效率，降低治理成本。例如，针对水体污染，研发高效的污水处理技术和水体修复技术；针对大气污染，研发高效的烟气脱硫、脱硝和除尘技术等。

2. 智能化治理技术

借助人工智能、大数据等现代信息技术手段，研发智能化治理技术，实现环境治理的精准化和智能化。例如，利用大数据分析技术，对环境污染数据进行实时监测和分析，为环境治理提供科学依据；利用人工智能技术，优化环境治理设备的运行参数，提高治理效果。

3. 绿色化治理技术

研发绿色化治理技术，减少治理过程中的二次污染和资源消耗。例如，研发环保型污水处理技术，减少污水处理过程中的能耗和化学品消耗；研发可循环利用的固体废物处理技术，实现废物的减量化、资源化和无害化。

（二）环境污染治理技术的研发策略

1. 加强基础研究

加强环境污染治理技术的基础研究，深入探索污染物的产生、迁移和转化规律，为技术创新提供理论支撑。

2. 产学研合作

加强企业、高校和科研机构之间的合作，形成产学研一体化的研发模式，共同推动环境污染治理技术的创新与研发进程。

3. 人才培养和引进

加大环境污染治理技术领域的人才培养和引进力度，培养一批高素质的研发人才，提高技术研发的整体水平和创新能力。

4. 加强成果转化

加强环境污染治理技术成果的转化和应用工作，推动科技成果与产业深度融合，促进技术创新和产业升级。

（三）环境污染治理技术的研发实践

1. 新型污水处理技术

针对传统污水处理技术存在的能耗高、效率低等问题，研发新型污水处理技术，如膜生物反应器、厌氧氨氧化等，提高污水处理效率和水质稳定性。

2. 大气污染控制技术

针对大气污染问题，研发高效的大气污染控制技术，如低氮燃烧技术、烟气脱硫脱硝技术等，降低大气污染物排放浓度，改善空气质量。

3. 土壤修复技术

针对土壤污染问题，研发土壤修复技术，如生物修复、化学修复、物理修复等，修复受损土壤生态系统，提高土壤质量和生产力。

环境污染治理技术的创新与研发是应对环境污染问题的重要手段。通过明确创新方向、制定研发策略、加强实践应用等措施，可以推动环境污染治理技术的不断发展和进步。未来，随着环境保护要求的不断提高和科技创新的不断推进，环境污染治理技术的创新与研发将面临更大的挑战和机遇。我们需要继续加强基础研究、深化产学研合作、加强人才培养和引进、推动成果转化等工作，为环境保护事业贡献更多的智慧和力量。同时，我们也需要关注新兴技术的发展趋势，如人工智能、大数据、生物技术等，探索其在环境污染治理领域的应用前景，为未来的环境治理工作提供更多的可能性。

第五章 油库安全管理与风险控制

油库作为储存易燃、易爆物品的重要场所，其安全管理与风险控制尤为重要。企业需要建立完善的油库管理制度和操作规程，加强油库的防火、防爆措施，确保油库的安全运行。此外，企业还需要加强员工的安全意识和培训，提高员工的安全意识和操作技能，使他们能够主动发现和报告安全隐患，并参与隐患治理工作。

第一节 油库安全管理的特点与要求

一、油库安全管理的独特性

油库作为储存和供应石油及其产品的重要设施，其安全管理具有显著的独特性。这些独特性主要源于油库自身的特性、储存物质的危险性及外部环境的复杂性。下面将从多个方面详细阐述油库安全管理的独特性。

（一）油库设施与储存物质的特殊性

油库设施是油库安全管理的基础，其特殊性主要体现在以下几个方面。第一，油库设施通常占地面积大，内部构造复杂，包括储罐区、泵房、输油管道等多个部分，每个部分都需要进行精细化的安全管理。第二，油库储存的物质多为易燃易爆的石油及其产品，这些物质具有高度的危险性，一旦发生泄漏或火灾，后果不堪设想。因此，油库安全管理需要特别关注对储存物质的监控和防范。

除此之外，油库设施的特殊性还体现在其运行环境上。油库通常位于偏远地区，环境复杂多变，可能面临自然灾害、人为破坏等多种风险。这些因素增加了油库安全管理的难度和复杂性。

（二）安全管理制度与规范的严谨性

油库安全管理的独特性还体现在其管理制度和规范的严谨性上。由于油库储存的物质具有高度的危险性，一旦发生安全事故，往往会造成严重的人员伤亡和财产损失。因此，油库安全管理需要遵循一系列严格的管理制度和规范，以确保安全生产的顺利进行。

这些制度和规范涵盖油库设施的设计、建设、运行、维护等多个方面，包括设备的安全标准、操作规程、应急预案等。同时，油库还需要建立完善的安全管理体系，通过定期的安全检查、隐患排查、员工培训等措施，确保各项安全制度和规范得到有效执行。

（三）安全管理与应急响应的高效性

油库安全管理的独特性还体现在其安全管理与应急响应的高效性上。由于油库安全事故具有突发性和不可预测性，一旦发生事故，需要迅速启动应急预案，采取有效措施进行处置。因此，油库安全管理需要注重提高应急响应的效率和能力。

为了实现高效的安全管理与应急响应，油库需要建立完善的应急管理体系，包括制定详细的应急预案、组建专业的应急队伍、配备先进的应急设备等。同时，还需要加强应急演练和培训，提高员工的应急意识和技能水平。这样，在发生安全事故时，能够迅速启动应急预案，有序地进行事故处置，最大限度地减少人员伤亡和财产损失。

除此之外，油库安全管理还需要注重与外部的沟通协调。油库一旦发生安全事故，会对社会造成较大影响。因此，油库管理者需要与当地政府、消防、环保等部门建立良好的合作关系，共同应对可能发生的安全事故。

油库安全管理的独特性主要体现在油库设施与储存物质的特殊性、安全管理制度与规范的严谨性以及安全管理与应急响应的高效性等方面。这些独特性要求我们在进行油库安全管理时，必须充分考虑油库的实际情况和特点，制定切实可行的安全管理措施和应急预案，确保油库的安全稳定运行。同时，还需要不断加强安全管理和应急响应能力的建设，提高员工的安全意识和技能水平，为油库的长期安全发展提供有力保障。

二、油库安全管理的法规与标准

油库作为重要的能源储存设施，其安全管理关系到国家安全、社会稳定和人民生命财产安全。为确保油库的安全运营，各国政府和相关组织制定了一系列法规与标准，以规范油库的设计、建设、运营和管理。下面将详细探讨油库安全管理的法规与标准。

（一）国家层面的法律法规

在国家层面，油库安全管理的法律法规主要由国家安全生产监督管理部门负责制定和实施。这些法律法规为油库的安全管理提供了基本的法律保障和制度依据。

《中华人民共和国安全生产法》是油库安全管理的基本法律，它明确了安全生产的基本方针、原则和要求，为油库的安全管理提供了总体指导。除此之外，还有专门针对油库安全管理的法规，如《中华人民共和国石油天然气管道保护法》《危险化学品安全管理条例》等，这些法规对油库的设施安全、危险品管理、应急预案等方面进行了详细规定。

同时，国家还发布了一系列与油库安全管理相关的标准和规范，如《石油库设计规范》（GB 50074—2014）等，这些标准和规范为油库的设计、建设、运营和管理提供了具体的技术指导和操作要求。

（二）行业层面的规章制度

除了国家层面的法律法规外，油库行业还制定了一系列规章制度，以加强行业自律和规范行业行为。这些规章制度通常由行业协会或专业组织负责制定和发布。

例如，中国石油化工行业协会就制定了相关行业规章，对石油化工企业的安全生产管理提出了明确要求。除此之外，还有针对油库行业的特定规章，对油库的日常作业、防火管理等方面进行了详细规定。

行业层面的规章制度与国家层面的法律法规相互补充，共同构成了油库安全管理的法规体系。这些规章制度在保障油库安全运营方面发挥着重要作用，有助于提高油库的安全管理水平和风险防范能力。

（三）国际层面的公约与标准

随着全球化进程的加速和国际贸易的发展，油库安全管理的国际合作与交流也日益加强。在国际层面，一些国际组织和跨国协议为油库安全管理提供了国际标准和指导原则。

例如，国际劳工组织制定了一系列关于职业安全和健康的公约和建议书，其中包括与油库安全管理相关的内容。除此之外，联合国环境规划署等国际组织也发布了关于石油储存和运输的环保标准和指导原则，强调油库在环境保护方面的责任和义务。

同时，一些国际标准化组织也制定了与油库安全管理相关的国际标准，如 ISO 22000 食品安全管理体系标准等，虽然这些标准主要针对食品行业，但其管理理念和方法对于油库安全管理同样具有借鉴意义。

这些国际层面的公约与标准为油库安全管理提供了国际视野和借鉴经验，有助于我国油库安全管理水平的提高和国际接轨。

油库安全管理的法规与标准涵盖国家层面、行业层面和国际层面。这些法规与标准共同构成了油库安全管理的法规体系，为油库的安全运营提供了坚实的制度保障。然而，法规与标准的制定只是安全管理的一部分，更重要的是要将其落到实处，加强油库安全管理的实际执行和监督力度，确保油库的安全稳定运营。同时，随着科技的不断进步和安全管理理念的不断更新，我们还需要不断完善和更新油库安全管理的法规与标准，以适应新的安全挑战和需求。

三、油库安全管理的基本原则与目标

油库作为储存和供应石油及其产品的重要基地，其安全管理至关重要。为确保油库的安全稳定运营，必须遵循一系列基本原则，并设定明确的安全管理目标。下面将详细探讨油库安全管理的基本原则与目标。

（一）油库安全管理的基本原则

1. 预防为主原则

预防为主是油库安全管理的首要原则。这意味着在油库的日常运营中，应始终将预防工作放在首位，通过采取各种措施，消除或减少潜在的安全隐患，防止事故的发生。这包括加强设备设施的维护保养、定期进行安全检查和隐患排查、提高员工的安全意识和技能等。

2. 综合治理原则

油库安全管理是一个系统工程，需要综合考虑各种因素，采取综合治理措施。这包括技术、管理、人员等多个方面。在技术方面，应选用先进可靠的设备和技术手段，提高油库的安全性能；在管理方面，应建立健全的安全管理制度和体系，确保各项安全措施得到有效执行；在人员方面，应加强员工的安全培训和教育，提高员工的安全素质。

3. 依法依规原则

油库安全管理必须遵循国家和地方的法律法规以及行业标准，确保各项工作的合法性和规范性。同时，油库还应根据自身实际情况，制定详细的安全管理规章制度和操作规程，为员工提供明确的工作指导和操作标准。

4. 责任到人原则

油库安全管理应明确各级管理人员和操作人员的职责和权限，确保每个岗位都有明确的责任人。通过建立健全的责任体系，形成齐抓共管的良好局面，使每个人都能够积极履行自己的安全职责。

（二）油库安全管理的目标

1. 确保人员安全

人员安全是油库安全管理的首要目标。这意味着在油库的运营过程中，应始终保障员工和周边居民的生命安全和身体健康。为此，油库需要制定严格的安全措施和应急预案，加强员工的安全培训和教育，提高员工的安全意识和技能水平。

2. 保障财产安全

财产安全是油库安全管理的重要目标。油库储存的石油及其产品具有极高的经济价值，一旦发生安全事故，往往会造成巨大的财产损失。因此，油库需要采取有效的措施，保护设备设施的安全完好，防止盗窃、破坏等不法行为的发生。

3. 维护环境安全

油库作为环境敏感区域，其安全管理还需考虑对周边环境的影响。油库应采取措施减少污染物排放，防止油品泄漏和环境污染事件的发生。同时，油库还应加强环保宣传和教育工作，提高员工和周边居民的环保意识。

4. 提高运营效率

在确保安全的前提下，油库还应追求运营效率的提高。这包括优化作业流程、提高设备设施的利用率、降低运营成本等方面。通过提高运营效率，可以进一步提升油库的竞争力，为企业的发展创造更多价值。

（三）实现油库安全管理目标的策略与措施

为实现上述安全管理目标，油库需要采取一系列策略与措施。首先，建立健全的安全管理体系和制度，明确各级人员的职责和权限，确保各项安全措施的有效执行。其次，加强员工的安全培训和教育，提高员工的安全意识和技能水平。再次，定期进行安全检查和隐患排查，及时发现和处理潜在的安全问题。复次，加强与其他部门和单位的沟通与合作，共同应对可能的安全风险和挑战。最后，注重科技创新和信息化建设，利用现代科技手段提高油库的安全管理水平和效率。

油库安全管理的基本原则与目标为油库的安全稳定运营提供了明确的方向和指导。通过遵循这些原则和实现这些目标，可以确保油库在保障人员安全、财产安全和环境安全的同时，提高运营效率，为企业和社会创造更多价值。然而，这些目标的实现需要长期努力和持续改进，需要油库全体员工的共同努力和协作。

第二节　油库设施的安全设计与布局

一、油库设施的防火防爆设计

油库设施作为储存和供应石油及其产品的重要场所，其防火防爆设计至关重要。油库设施的防火防爆设计不仅关乎油库的安全稳定运行，还直接影响周边环境和人民群众的生命财产安全。因此，在进行油库设施设计时，必须充分考虑防火防爆的需求，采取一系列有效的措施，确保油库设施的安全可靠。

（一）选址与布局

油库设施的选址与布局是防火防爆设计的首要环节。选址应远离居民区、重要交通线路和易燃易爆场所，以减少潜在的安全风险。同时，应考虑到地形、气候等自然因素，避免将油库建设在易受自然灾害影响的地区。在布局方面，应根据油品的性质、储存量和使用需求，合理规划储罐区、泵房、输油管道等设施的布局，确保设施之间的安全距离和防火隔离。

（二）储罐设计

储罐是油库设施的核心部分，其设计直接关系防火防爆的安全性。储罐的材质应选用具有良好耐腐蚀性和抗冲击性能的材料，以确保储罐的结构强度和密封性。除此之外，储罐应设置防火堤和泄漏收集系统，以防止油品泄漏和扩散。在储罐的进出口处，应安装阻火器和紧急切断阀，以控制火势的蔓延和防止油品外泄。

（三）电气与防雷设计

电气设备和防雷设施是油库防火防爆设计的重要组成部分。电气设备应选用防爆型设备，并严格按照相关规范进行安装和使用。同时，应定期对电气设备进行检查和维护，确保其正常运行和安全可靠。在防雷方面，应设置完善的防雷系统，包括避雷针、避雷带等，以减少雷电对油库设施的影响。除此之外，还应建立雷电预警系统，及时监测和预警雷电天气，以便采取相应的防范措施。

（四）消防设施与应急系统

消防设施是油库防火防爆设计的重要保障。油库应设置室内外消火栓系统、泡沫灭火系统等消防设施，并根据储存油品的性质和数量配备相应的灭火器材。同时，应建立完善的消防管理制度和应急预案，定期进行消防演练和培训，提高员工的消防安全意识和应急处理能力。在应急系统方面，应建立快速响应机制，确保在发生火灾或爆炸等紧急情况时能够迅速启动应急预案，采取有效措施进行处置，防止事故扩大和减少损失。

（五）安全管理措施

除了上述硬件设施的设计外，油库防火防爆设计还应包括一系列安全管理措施。首先，应建立健全的安全管理制度和操作规程，明确各级人员的职责和权限，确保各项安全措施得到有效执行。其次，应加强员工的安全培训和教育，提高员工的安全意识和技能水平。再次，应定期进行安全检查和隐患排查，及时发现和处理潜在的安全问题。最后，还应加强与相关部门的沟通和协作，共同应对可能的安全风险和挑战。

油库设施的防火防爆设计是一个系统工程，需要从选址布局、储罐设计、电气与防雷设计、消防设施与应急系统以及安全管理措施等多个方面进行综合考虑和规划。通过科学设计和实施有效的管理措施，可以确保油库设施的安全稳定运行，为石油及其产品的储存和供应提供有力的保障。然而，随着科技的不断进步和安全管理理念的更新，油库设施的防火防爆设计也需要不断地进行改进和优化，以适应新的安全挑战和需求。

二、油库设施的环保与节能设计

油库设施作为石油及其产品储存和转运的重要基地，其环保与节能设计对于减少环境污染、提高能源利用效率具有重要意义。随着人们环保意识的日益增强和能源资源的日益紧张，油库设施的环保与节能设计已经成为油库建设和管理的重要课题。下面将从油库设施的环保设计和节能设计两个方面进行详细探讨。

（一）油库设施的环保设计

环保设计是油库设施建设的重要组成部分，旨在减少油库运营过程中对环境的负面影响。具体而言，环保设计主要包括以下几个方面：

1. 防止油品泄漏是环保设计的首要任务

油库设施应建立完善的防泄漏系统，包括储罐的防泄漏设计、管道的连接和密封、泄漏检测和报警系统等。同时，应制定严格的泄漏应急处理措施，确保在发生泄漏事故时能够迅速响应，防止泄漏油品对环境造成污染。

2. 减少废气排放也是环保设计的重要方面

油库设施应选用低排放的设备和技术，如采用高效的油气回收系统，减少油品在储存和转运过程中的挥发损失。同时，加强设备的维护和保养，确保设备处于良好的运行状态，降低废气排放量。

除此之外，油库设施还应注重噪声和振动的控制。通过选用低噪声设备、采取隔声降噪措施等方式，降低油库设施运营过程中产生的噪声和振动对周边环境的影响。

最后，油库设施的建设和运营应遵循循环经济理念，实现资源的有效利用和废弃物的减量化、资源化。例如，通过建设雨水收集系统、废水处理系统等方式，实现水资源的循环利用；通过废弃物的分类收集和处理，实现废弃物的资源化利用。

（二）油库设施的节能设计

节能设计是油库设施建设的重要方向，旨在提高油库设施的能源利用效率，降低能源消耗。节能设计主要包括以下几个方面：

1. 优化油库设施的布局和工艺流程

通过合理规划储罐、泵房、管道等设施的位置和连接方式，减少油品在转运过程中的能耗。同时，优化工艺流程，减少不必要的操作环节和能源浪费。

2. 选用高效节能的设备和技术

例如，选用高效的泵、压缩机等设备，降低设备在运行过程中的能耗；采用先进的自动化控制系统，实现设备的智能调节和优化运行。

除此之外，加强油库设施的保温和隔热设计也是节能设计的重要方面。通过采用保温材料、设置隔热层等方式，减少油品在储存过程中的热量损失，降低能耗。

最后，推广新能源和可再生能源的应用也是节能设计的重要手段。例如，在油库设施中安装太阳能发电系统、风力发电系统等，利用新能源为油库设施提供电力支持；采用生物质能等可再生能源替代传统的化石能源，降低对环境的污染和减少对能源的消耗。

（三）环保与节能设计的综合应用

在油库设施的设计和建设过程中，应将环保设计和节能设计相结合，实现二者的综合应用。通过综合考虑油库设施的环境影响和能源利用情况，制定综合性的设计方案和措施，实现油库设施的环保与节能的双重目标。

同时，应注重技术创新和研发，不断引进和应用先进的环保和节能技术，提高油库设施的环保性能和节能水平。加强与国际先进水平的交流与合作，学习借鉴国际先进的油库环保与节能设计理念和技术手段，推动我国油库设施环保与节能设计的发展和创新。

除此之外，加强油库设施的管理和维护也是实现环保与节能目标的重要保障。通过建立健全的管理制度和维护机制，确保油库设施的正常运行和安全稳定，防止因设备故障或操作不当导致的环境污染和能源浪费。

油库设施的环保与节能设计是一个综合性的系统工程，需要从多个方面进行综合考虑和规划。通过加强环保设计和节能设计的应用和推广，可以有效减少油库设施对环境的负面影响，提高能源利用效率，推动油库建设的可持续发展。

三、油库设施的布局优化与效率提升

油库设施的布局优化与效率提升是油库建设和运营过程中的关键环节。合理的布局和高效的运营不仅可以降低运营成本，提高经济效益，还可以确保油库的安全稳定运行。因此，对油库设施的布局进行优化，提升运营效率，对于油库的发展具有重要意义。

（一）油库设施布局优化的重要性

油库设施的布局优化是指根据油库的功能需求、作业流程、安全环保等因素，对储罐、泵房、管道、装卸区等设施进行合理规划和布局。布局优化的重要性主要体现在以下几个方面：

1. 布局优化可以提高油库的作业效率

通过合理规划储罐的排列和管道的连接，减少油品的转运次数和距离，降低运输成本和时间成本，提高油品的周转速度和储存效率。

2. 布局优化有助于提升油库的安全性

通过优化储罐的间距和防火隔离带的设置，降低火灾和爆炸的风险；合理布置消防设施和应急通道，确保在紧急情况下能够迅速响应和处理，保障人员和财产的安全。

除此之外，布局优化还有助于改善油库的环保性能。通过合理规划雨水收集和处理系统，减少雨水对油品和环境的污染；优化废水和废气的处理设施，降低排放物的浓度和排放量，减少对环境的负面影响。

（二）油库设施布局优化的策略与方法

为了实现油库设施的布局优化，需要采取一系列策略和方法。首先，应对油库的功能需求和作业流程进行深入分析，明确设施的功能和作用，确定合理的作业顺序和流程。其次，根据油品的性质和储存量，选择合适的储罐类型和容量，并进行合理的排列和组合。再次，应充分考虑管道的连接方式和走向，确保管道的畅通和安全。最后，还应合理规划装卸区和辅助设施的布局，提高装卸效率和服务质量。

在具体实施过程中，可以采用模拟仿真和数据分析等技术手段，对布局方案进行评估和优化。通过模拟仿真，可以模拟油库的作业过程和运行情况，发现潜在的问题和瓶颈，为优化布局提供依据。同时，可以利用数据分析工具对油库的运营数据进行挖掘和分析，找出影响效率的关键因素，制定针对性的优化措施。

（三）油库设施效率提升的途径与措施

除了布局优化外，还可以通过一系列途径和措施来提升油库设施的运营效率。加强设备设施的维护和保养，确保设备的正常运行和性能稳定。定期对设备进行检查和维修，及时排除故障和隐患，减少因设备问题导致的生产中断和安全事故。

优化作业流程和管理制度。通过简化作业步骤、提高作业自动化程度、加强作业人员培训和考核等方式，提高作业效率和质量。同时，建立健全的管理制度和操作规程，明确各级人员的职责和权限，确保各项工作的有序进行。

除此之外，还可以利用信息技术和智能化手段来提升油库设施的运营效率。例如，建立油库信息化管理系统，实现数据的实时采集、传输和处理，提高决策的及时性和准确性；采用智能巡检和监控技术，实现对油库设施的远程监控和自动报警，降低人工巡检的成本和风险。

油库设施的布局优化与效率提升是一个系统工程，需要从多个方面进行综合考虑和实施。通过合理的布局规划、高效的运营管理以及先进的技术应用，可以实现油库设施的安全、环保和高效运行，为油库的可持续发展奠定坚实基础。同时，随着科技的不断进步和管理理念的更新，油库设施的布局优化与效率提升也将面临新的挑战，需要不断创新和改进以适应新的发展需求。

第三节　油库作业的安全操作与管理

一、油库作业的安全操作规范

油库作为储存和供应石油及其产品的重要基地，其作业过程中的安全操作至关重要。安全操作规范不仅是保障油库作业人员人身安全的基本要求，也是确保油库设施稳定运行、防范火灾和环境污染的重要保障。因此，制定并严格执行油库作业的安全操作规范，对于油库的安全生产和可持续发展具有重要意义。

（一）油库作业前的准备工作

在进行油库作业前，必须做好充分的准备工作。要检查作业现场的安全状况，确保作业区域没有易燃易爆物品，消防设施和应急设备完好有效。同时，要对作业工具和设备进行检查和维护，确保其处于良好的工作状态。除此之外，还要对作业人员进行安全教育和培训，使其熟悉作业流程和安全操作规程，提高安全意识和应急处理能力。

（二）油库作业中的安全操作要求

在油库作业过程中，必须严格遵守安全操作要求。作业人员要穿戴符合规定的防护用品，如防静电工作服、安全帽、防护眼镜等，以减少火灾和爆炸的风险。要严格按照作业指导书进行操作，不得擅自改变作业流程或省略操作步骤。在油品的储存、输转和装卸过程中，要注意控制流速和压力，防止因摩擦和冲击产生静电火花引发火灾。同时，要定期检查储罐和管道的密封性，防止油品泄漏造成环境污染和安全事故。

除此之外，在油库作业中还要注意防火防爆。禁止在作业现场吸烟、使用明火或进行其他可能产生火源的活动。对于可能产生静电的设备和工具，要采取接地等防静电措施。同时，要定期对油库设施进行防雷检测和维护，确保其防雷性能良好。

（三）油库作业后的安全检查与整理

油库作业完成后，必须进行安全检查与整理工作。要对作业现场进行清理，确保没有遗留的易燃易爆物品或其他杂物。同时，要对作业工具和设备进行归位和保养，以便下次使用。要对油库设施进行全面检查，查看是否有损坏或异常情况，并及时进行处理和修复。除此之外，还要对作业过程中发现的安全隐患进行记录和整改，防止类似问题再次发生。

除了上述具体操作规范外，油库作业的安全操作还需要注重以下几点：一是加强作业人员的安全意识和责任心，使其能够自觉遵守安全操作规程；二是建立健全的安全管理制度和应急预案，确保在发生安全事故时能够及时响应和处理；三是加强与相关部门的沟通和协作，共同应对可能的安全风险和挑战。

油库作业的安全操作规范是确保油库安全生产和可持续发展的基础。通过做好作业前的准备工作、严格遵守作业中的安全操作要求以及加强作业后的安全检查与整理工作，可以有效降低油库作业过程中的安全风险，保障作业人员的人身安全和油库设施的稳定运行。同时，随着科技的不断进步和管理理念的更新，油库作业的安全操作规范也需要不断进行改进和优化，以适应新的安全挑战和需求。

二、油库作业的风险识别与控制

油库作业作为石油储存与转运的重要环节，涉及众多复杂且高风险的操作。为确保油库作业的安全、高效进行，必须对作业过程中可能出现的风险进行准确识别，并采取相应的控制措施。下面将详细探讨油库作业的风险识别与控制问题。

（一）油库作业风险的识别

风险识别是油库作业风险管理的首要任务，其目的在于系统、全面地识别出作业过程中可能存在的风险源和风险因素。具体来说，风险识别主要包括以下几个方面：

1. 要识别油库作业中的物理风险

物理风险主要源于油库设施本身及其运行环境。例如，储罐、管道等设备的老化、损坏可能导致油品泄漏；电气设备的故障可能引发火灾或爆炸；自然环境的变化，如雷电、地震等也可能对油库安全构成威胁。

2. 要识别油库作业中的操作风险

操作风险主要源于作业人员的行为和管理制度的执行。例如，作业人员违反操作规程、疏忽大意可能导致事故发生；管理制度不完善、执行不到位也可能增加事故风险。

3. 还要识别油库作业中的市场风险和供应链风险

市场风险主要涉及油品价格波动、市场需求变化等因素对油库运营的影响；供应链风险则涉及油品采购、运输等环节可能出现的问题，如供应商违约、运输延误等。

在风险识别过程中，应采用多种方法相结合的方式进行。例如，通过现场勘查、问卷调查、专家咨询等方式收集信息；利用数据分析、故障树分析、事件树分析等方法对风险进行定量和定性评估。同时，还应建立风险数据库，对识别出的风险进行记录和分类，为后续的风险控制提供依据。

（二）油库作业风险的控制

风险控制是油库作业风险管理的核心环节，其目的在于通过采取一系列措施，降低风险发生的概率和减轻风险带来的损失。针对油库作业的风险识别结果，可以采取以下控制措施：

1. 加强油库设施的安全管理

定期对储罐、管道等设备进行检查和维护，确保其处于良好的运行状态；加强电气设备的防雷、防静电措施，防止电气故障引发火灾或爆炸；完善消防设施和应急设备，确保在紧急情况下能够迅速响应和处理。

2. 强化作业人员的安全培训和管理

通过定期的培训和教育活动，提高作业人员的安全意识和操作技能；制定严格的操作规程和安全管理制度，确保作业人员能够严格遵守并执行；建立激励机制和约束机制，对表现优秀的作业人员给予奖励，对违反规定的行为进行处罚。

3. 优化油库作业的流程和管理

通过引入先进的信息化管理系统和智能化技术，提高作业效率和管理水平；加强与其他部门的沟通和协作，形成合力应对风险；建立风险预警机制和应急预案，对可能出现的风险进行提前预警和快速响应。

在风险控制过程中，还应注重风险监测和评估的持续性。定期对油库作业的风险进行监测和评估，及时发现新的风险源和风险因素，并采取相应的控制措施进行调整和完善。同时，还应建立风险管理的长效机制，将风险管理纳入油库作业的日常管理之中，确保风险管理的持续性和有效性。

（三）油库作业风险管理的改进与创新

随着油库作业环境的不断变化和技术的不断进步，风险管理工作也需要不断改进和创新。具体而言，可以从以下几个方面进行：

1. 引入新的风险管理理念和方法

借鉴国内外先进的风险管理经验和做法，结合油库作业的实际情况，探索适合自身的风险管理模式和方法。

2. 加强风险管理技术的研发和应用

利用大数据、人工智能等先进技术，对油库作业的风险进行更加精准地识别、评估和预测；开发智能化的风险监测和预警系统，提高风险管理的自动化和智能化水平。

3. 加强风险管理的国际合作与交流

通过与国际同行的交流与合作，了解国际油库作业风险管理的最新动态和趋势，借鉴其成功经验，推动自身风险管理工作的不断提升。

油库作业的风险识别与控制是一项系统工程，需要综合运用多种方法和手段进行。通过准确识别风险、采取有效控制措施并不断改进创新，可以确保油库作业的安全、高效进行，为石油行业的稳定发展提供有力保障。

三、油库作业人员的安全培训与考核

油库作业的安全性和稳定性直接关系到整个油库设施的正常运行和人员的生命安全。油库作业人员作为油库作业的直接参与者，其安全意识和操作技能水平的高低直接影响到油库作业的安全性和效率。因此，对油库作业人员进行安全培训与考核，提升他们的安全意识和操作技能，是油库管理的重要一环。

（一）油库作业人员安全培训的重要性

安全培训是提升油库作业人员安全意识和操作技能的有效途径。通过培训，作业人员可以更加深入地了解油库作业的风险点和安全操作规程，掌握正确的操作方法，避免误操作导致的安全事故。同时，安全培训还可以增强作业人员的风险识别能力和应急处理能力，使他们在面对突发情况时能够迅速做出正确的判断和应对。

除此之外，安全培训还有助于提高油库作业人员的团队协作能力和责任心。通过培训，作业人员可以更好地理解团队的目标和任务，明确各自的职责和角色，形成相互支持、相互协作的工作氛围。同时，安全培训也可以强化作业人员的安全意识，使他们更加重视自身和他人的安全，从而减少安全事故的发生。

（二）油库作业人员安全培训的内容与方法

油库作业人员的安全培训内容应涵盖多个方面。首先，应对油库设施的基本知识和操作规程进行介绍，包括储罐、管道、泵房等设备的结构、功能和使用方法。其次，应对油库作业的风险点和安全防范措施进行讲解，使作业人员了解可能存在的危险和如何应对。最后，还应加强应急处理能力的培训，包括火灾、泄漏等突发情况的应对措施和逃生方法。

在培训方法上，可以采用多种形式相结合的方式。例如，可以通过课堂讲解、案例分析、现场演示等方式进行理论教学；通过模拟演练、实践操作等方式进行技能培训。同时，还可以利用现代信息技术手段，如在线教育平台、虚拟现实技术等，提高培训的效率和效果。

（三）油库作业人员安全考核的实施与效果

安全考核是对油库作业人员安全培训和实际操作效果的检验。通过考核，可以及时发现作业人员存在的问题和不足，进一步指导他们进行改进和提升。

在实施安全考核时，应制定明确的考核标准和流程。考核标准应涵盖作业人员的安全知识、操作技能、应急处理能力等方面；考核流程应包括理论考试、实操考核、综合评价等环节。同时，还应建立考核结果反馈机制，及时向作业人员反馈考核结果和改进建议，帮助他们更好地提升自己的安全意识和操作技能。

安全考核的效果不仅体现在对作业人员个体能力的提升上，还体现在对油库整体安全水平的提升上。通过安全考核，可以筛选出安全意识强、操作技能熟练的作业人员，为油库的安全运行提供有力保障。同时，安全考核还可以推动油库安全管理制度的不断完善和优化，提高油库的安全管理水平。

然而，油库作业人员的安全培训与考核并非一劳永逸的事情。随着油库设施的不断更新、作业环境的不断变化以及新技术的不断应用，油库作业的安全风险也会发生相应的变化。因此，油库作业人员的安全培训与考核应是一个持续不断的过程，需要定期更新培训内容、优化考核方法，以适应新的安全需求。

除此之外，油库管理人员还应注重安全培训与考核的实效性。不仅要关注培训和考核的过程和形式，更要关注其实际效果。要通过多种方式收集和分析作业人员在实际工作中的安全表现和操作情况，及时发现和解决存在的问题，确保安全培训与考核真正发挥实效。

油库作业人员的安全培训与考核是油库安全管理的重要组成部分。通过科学有效的培训和考核措施，可以提升作业人员的安全意识和操作技能水平，为油库的安全运行提供有力保障。同时，还需要注重培训和考核的持续性和实效性，以适应不断变化的安全需求。

第四节　油库防火防爆与应急管理

一、油库防火防爆设备与措施

油库作为储存和供应石油产品的重要基地，其防火防爆工作至关重要。由于石油产品具有易燃易爆的特性，一旦发生火灾或爆炸事故，后果将不堪设想。因此，配备先进的防火防爆设备和采取有效的防火防爆措施，对于保障油库的安全运行具有重要意义。

（一）油库防火防爆设备

1. 消防设备

消防设备是油库防火防爆工作的重要组成部分。油库应配备足够数量的灭火器和消防栓,确保在火灾初期能够迅速扑灭火源。同时,还应建立专业的消防队伍,定期进行消防演练和培训,提高其应对火灾的能力。

2. 泄爆设备

泄爆设备主要用于在油库发生爆炸时,减轻爆炸压力对油库设施的破坏。常见的泄爆设备包括泄爆阀、泄爆片等。这些设备能够在爆炸发生时迅速打开,将爆炸压力释放到安全区域,保护油库设施的安全。

3. 监测与报警设备

监测与报警设备是油库防火防爆工作的重要辅助手段。通过安装可燃气体探测器、烟雾探测器等设备,实时监测油库内的气体浓度和烟雾情况。一旦发现异常情况,设备将自动发出报警信号,提醒人员及时采取措施进行处理。

4. 静电消除设备

静电是引发油库火灾爆炸事故的重要因素之一。因此,油库应配备静电消除设备,如静电消除器、静电接地装置等。这些设备能够有效消除油品在输送、储存过程中产生的静电荷,降低火灾爆炸的风险。

(二) 油库防火防爆措施的加强与设备更新

随着科技的不断发展,新的防火防爆技术和设备不断涌现。为了保持油库防火防爆工作的先进性和有效性,应不断加强防火防爆措施的落实和设备的更新。

首先,应关注最新的防火防爆技术和研究成果,及时将其应用于油库的实际工作中。例如,可以采用智能化监控系统对油库进行全方位、全天候的监测,提高火灾爆炸事故的预警能力。

其次,应定期对油库的防火防爆设备进行维护和检修,确保其处于良好的工作状态。对于老旧、损坏的设备应及时进行更换和升级,提高设备的性能和可靠性。

最后,还应加强油库员工对新设备、新技术的培训和教育,提高他们的操作水平和安全意识。通过不断学习和实践,使员工能够熟练掌握新的防火防爆技术和设备,为油库的安全运行提供有力保障。

油库的防火防爆工作是一项长期而艰巨的任务。通过采取有效的防火防爆措施和配备先进的防火防爆设备,可以大大降低油库火灾爆炸事故的风险。同时,还应不断加强防火防爆措施的落实和设备的更新,以适应不断变化的安全需求,确保油库的安全稳定运行。

二、油库火灾与爆炸事故的预防

油库作为储存和转运石油产品的重要设施,其安全性和稳定性直接关系到整个石油行业的健康发展。火灾与爆炸是油库面临的主要安全风险,一旦发生,不仅会造成巨大的财产损失,还可能对人员生命安全构成严重威胁。因此,预防油库火灾与爆炸事故的发生至关重要。

油库应建立由主要负责人担任总指挥的应急指挥体系,明确各级人员的职责和权限。在事故发生时，应急指挥体系应迅速启动，统一指挥、协调各方力量进行救援。除此之外，油库还应加强与地方政府、消防、医疗等部门的沟通与协作，形成联动机制，共同应对油库事故。

为提高员工的应急处理能力和自救互救能力，油库应定期开展应急演练。演练应模拟真实的事故场景，让员工在实践中掌握正确的操作方法和应急处理技能。同时，演练结束后还应进行总结评估，针对存在的问题和不足进行改进。

（一）油库救援力量的建设

1. 组建专业救援队伍

油库应组建专业的救援队伍，队员应经过专业培训，掌握油库事故处置、救援设备操作等技能。救援队伍应定期进行演练和考核，确保在事故发生时能够迅速、有效地进行救援。

2. 配备先进救援设备

为提高救援效率和质量，油库应配备先进的救援设备，如消防车、灭火器材、防护服等。同时，还应加强对设备的维护和保养，确保在关键时刻能够正常使用。

3. 加强与外部救援力量的合作

油库应加强与消防、医疗等外部救援力量的合作，建立信息共享和协同作战机制。在事故发生时，可以迅速调动外部救援力量进行支援，共同应对油库事故。

（二）油库应急管理与救援体系的持续改进

1. 总结经验教训

每次事故都是一次宝贵的经验教训。油库应认真总结事故原因、处置过程及存在的问题和不足，为今后的应急管理和救援工作提供借鉴和参考。

2. 完善制度规范

针对应急管理和救援工作中存在的问题和不足，油库应不断完善相关制度规范，明确各级人员的职责和权限，规范操作流程和应急处置程序。

3. 强化员工培训与教育

员工是油库应急管理和救援工作的主体。油库应加强对员工的培训和教育，提高他们的安全意识和应急处理能力。同时，还应定期开展安全知识竞赛、应急演练等活动，增强员工的安全意识和自救互救能力。

4. 引入科技手段提升应急管理水平

随着科技的不断发展，新的技术手段为油库应急管理和救援工作提供了新的可能。油库可以引入物联网、大数据、人工智能等技术手段，实现对油库设施、作业环境等的实时监测和预警，提高应急响应的速度和准确性。同时，还可以利用虚拟现实、模拟仿真等技术手段进行应急演练和培训，提高员工的应急处理能力和自救互救能力。

油库应急管理与救援体系的建设是一个系统工程，需要从多个方面入手。通过构建完善的应急管理机制、建设专业的救援力量、持续改进应急管理与救援体系等措施的综合应用，可以有效提高油库应对突发事故的能力，减少事故损失，保障油库的安全稳定运行。同时，这些措施的实施也需要全体员工的共同努力和持续改进，以不断适应和应对油库安全面临的新挑战和新问题。

第五节　油库安全监测与监控技术

一、油库安全监测系统的构建

油库作为石油产品的储存和转运中心，其安全稳定运行对于保障国家能源安全和经济发展具有重要意义。为了实时监测油库的安全状况，预防火灾、爆炸等事故的发生，构建一套高效、可靠的安全监测系统显得尤为重要。下面将详细阐述油库安全监测系统的构建过程，包括系统架构、监测内容、技术应用等方面。

（一）系统架构的设计

油库安全监测系统的架构设计应充分考虑油库的实际情况和安全需求，确保系统的稳定性、可扩展性和可维护性。一般而言，油库安全监测系统可以划分为三个主要层次：数据采集层、数据传输层和数据应用层。

数据采集层主要负责实时采集油库内的各种安全参数，如温度、压力、液位、可燃气体浓度等。这些参数可以通过安装在油库内的各类传感器进行采集，如温度传感器、压力传感器、液位传感器、可燃气体探测器等。传感器应具备高精度、高稳定性、抗干扰能力强等特点，以确保采集数据的准确性和可靠性。

数据传输层负责将采集到的数据实时传输到数据应用层进行处理和分析。为了保证数据传输的实时性和稳定性，可以采用有线或无线传输方式，根据油库的实际情况选择合适的通信协议和网络拓扑结构。同时，为了应对可能出现的网络故障或数据丢失等问题，系统还应具备数据备份和恢复功能。

数据应用层是油库安全监测系统的核心部分，负责对接收到的数据进行处理、分析和展示。通过运用大数据、云计算等技术手段，对采集到的数据进行深入挖掘和分析，可以实现对油库安全状况的实时监测和预警。除此之外，数据应用层还应提供丰富的报表和可视化界面，方便管理人员直观了解和全面掌握油库的安全状况。

（二）监测内容的确定

油库安全监测系统的监测内容应全面覆盖油库的安全风险点，包括储罐区、输油管道、装卸区等关键区域。具体而言，监测内容主要包括以下几个方面：

1. 温度监测

实时监测储罐、管道等设备的温度变化情况，防止因温度过高导致油品自燃或设备损坏。

2. 压力监测

对储罐和管道的压力进行实时监测，确保压力在安全范围内，防止因压力过高引发爆炸事故。

3. 液位监测

实时监测储罐的液位变化，避免油品溢出或过低导致的安全隐患。

4. 可燃气体监测

对油库内的可燃气体浓度进行实时监测，一旦浓度超过安全阈值，立即发出报警信号，提醒人员采取相应措施。

5. 视频监控

通过安装高清摄像头，对油库的关键区域进行实时监控，方便管理人员随时掌握现场情况。

6. 人员活动监测

通过人脸识别、门禁系统等手段，对油库内的人员活动进行监测和管理，防止未经授权的人员进入危险区域。

（三）技术应用与创新

在构建油库安全监测系统时，应注重技术应用与创新，以提高系统的性能和可靠性。以下是一些值得关注和应用的技术手段：

1. 物联网技术

通过物联网技术，将油库内的各类传感器和设备连接起来，实现数据的实时采集和传输。同时，物联网技术还可以实现设备的远程监控和控制，提高管理效率。

2. 大数据与云计算

利用大数据和云计算技术，对采集到的数据进行存储、分析和处理。通过对海量数据的深入挖掘和分析，可以发现油库安全隐患的规律和趋势，为制定预防措施提供科学依据。

3. 人工智能与机器学习

借助人工智能和机器学习算法，对油库安全监测系统的数据进行智能分析和预测。通过训练模型，系统可以自动识别异常数据和潜在风险，提高预警的准确性和时效性。

4. 5G 通信技术

5G 通信技术具有高带宽、低时延的特点，可以大幅提升油库安全监测系统的数据传输速度和稳定性。通过 5G 网络，可以实现实时高清视频监控和远程操控等功能，提升油库的安全管理水平。

构建油库安全监测系统是一项复杂而重要的任务。通过合理设计系统架构、确定监测内容以及应用创新技术，可以实现对油库安全状况的实时监测和预警，为油库的安全稳定运行提供有力保障。同时，随着科技的不断发展，未来油库安全监测系统还将不断升级和完善，以适应新的安全需求和挑战。

二、油库安全监控技术的应用

油库作为储存和转运石油产品的重要设施，其安全监控至关重要。随着科技的不断发展，越来越多的安全监控技术被应用于油库管理中，为油库的安全稳定运行提供了有力保障。下面将详细探讨油库安全监控技术的应用，包括视频监控技术、传感器监测技术、自动化控制技术和智能分析技术等。

（一）视频监控技术的应用

视频监控技术是油库安全监控中最为基础和常用的一种技术手段。通过在油库关键区域安装高清摄像头，可以实现对油库作业现场、储罐区、装卸区等的实时监控。视频监控技术具有以下优点：

首先，视频监控技术能够直观地展示油库现场情况，使管理人员能够实时了解油库的运行状态和安全状况。通过视频监控，可以及时发现并处理异常情况，如非法入侵、火灾隐患等。

其次，视频监控技术还可以配合人脸识别、车牌识别等智能算法，对油库内的人员和车辆进行识别和管理。这有助于防止未经授权的人员和车辆进入油库，提高油库的安全性。

最后，随着网络技术的发展，视频监控技术还可以实现远程监控和回放功能。管理人员可以通过手机、电脑等终端设备随时随地查看油库的实时画面和历史记录，方便全面掌握油库的安全状况。

（二）传感器监测技术的应用

传感器监测技术是油库安全监控中的另一种重要手段。通过在油库内安装各类传感器，可以实时监测油库的温度、压力、液位、可燃气体浓度等关键参数。传感器监测技术具有以下特点：

首先，传感器监测技术能够实现对油库环境参数的精确测量和实时反馈。通过传感器采集的数据，管理人员可以及时了解油库的运行状态和安全风险，从而采取相应的措施进行防范和处理。

其次，传感器监测技术还可以配合报警系统使用，当监测到异常数据时，自动触发报警装置，提醒管理人员及时处理。这有助于及时发现并处理火灾、泄漏等安全隐患，防止事故的发生。

最后，随着物联网技术的发展，传感器监测技术还可以实现数据的远程传输和共享。管理人员可以通过网络平台实时查看传感器的数据，并进行数据分析和处理，为油库的安全管理提供有力支持。

（三）自动化控制技术的应用

自动化控制技术是油库安全监控中的又一重要手段。通过自动化控制系统，可以实现对油库设备的远程控制和自动化操作，提高油库的运行效率和管理水平。自动化控制技术主要包括以下几个方面：

首先，自动化控制技术可以实现油库设备的自动启停和调节。通过预设的程序和参数，自动化控制系统可以根据实际情况自动调整设备的运行状态，如泵站的启停、阀门的开关等。这不仅可以减少人工操作的工作量，还可以提高设备的运行效率和稳定性。

其次，自动化控制技术还可以实现油库作业的自动化管理。通过自动化控制系统，可以实现对油库作业流程的监控和管理，如装卸作业的自动化控制、库存管理的自动化处理等。这有助于减少人为因素导致的误差和事故，提高油库作业的安全性和可靠性。

最后，自动化控制技术还可以配合安全监控系统进行使用。当安全监控系统监测到异常情况时，自动化控制系统可以自动采取相应的措施进行应对，如关闭阀门、启动灭火装置等。这有助于及时消除安全隐患，防止事故的发生。

油库安全监控技术的应用涉及视频监控技术、传感器监测技术、自动化控制技术等多个方面。这些技术的应用为油库的安全稳定运行提供了有力保障，有助于及时发现并处理安全隐患，预防事故的发生。同时，随着科技的不断发展，未来还将有更多先进的安全监控技术被应用于油库管理中，为油库的安全管理提供更加强大的支持。因此，油库管理人员应不断学习和掌握新的安全监控技术，提高油库的安全管理水平，确保油库的安全稳定运行。

三、油库安全数据的分析与处理

油库作为油品储存和转运的重要场所，其安全管理至关重要。随着信息化技术的发展，油库安全数据的收集和分析已经成为提升油库安全管理水平的重要手段。下面将对油库安全数据的分析与处理进行深入探讨，以期为提高油库安全管理水平提供有益的参考。

（一）油库安全数据的收集与整合

油库安全数据的收集是分析与处理的前提和基础。这些数据包括油库设备运行状态、环境监测数据、作业记录等。为了全面、准确地收集这些数据，需要建立完善的数据收集系统，包括传感器网络、视频监控系统、作业管理系统等。

首先，传感器网络能够实时监测油库设备的运行状态和环境参数，如温度、压力、液位、可燃气体浓度等。这些数据的实时采集和传输，为油库安全监控提供了重要的依据。

其次，视频监控系统能够记录油库作业现场的实时画面，为事故追溯和原因分析提供有力的证据。通过视频监控数据的分析，可以发现作业过程中的违规行为和安全隐患，从而及时采取措施进行整改。

最后，作业管理系统能够记录油库作业的全过程，包括作业人员的操作、设备的运行状态、作业时间等。这些数据的收集有助于分析作业过程中的风险因素，为制定针对性的安全措施提供依据。

在收集到这些数据后，需要进行整合和预处理，以便后续的分析和处理。这包括数据的清洗、去重、格式化等步骤，以确保数据的准确性和一致性。

（二）油库安全数据的分析方法

油库安全数据的分析方法多种多样，包括统计分析、趋势预测、模式识别等。这些方法的运用可以帮助我们深入挖掘数据中有价值的信息，为油库安全管理提供决策支持。

统计分析是一种常用的数据分析方法，通过对历史数据的统计和分析，可以发现油库安全管理的规律和特点。例如，可以通过对油库事故数据的统计分析，找出事故发生的主要原因和规律，从而制定针对性的预防措施。

趋势预测是基于现有数据对未来趋势进行预测的一种方法。通过对油库安全数据的趋势分析，可以预测未来可能出现的安全风险和问题，从而提前采取预防措施。例如，可以通过分析油库温度、压力等参数的变化趋势，预测设备可能出现的故障，及时进行维修和更换。

模式识别是一种通过寻找数据中的特定模式来发现问题的方法。在油库安全数据分析中，可以通过模式识别技术发现异常数据和行为，如非法入侵、违规操作等。这有助于及时发现和处理安全隐患，防止事故的发生。

（三）油库安全数据的处理与应用

油库安全数据的处理与应用是数据分析的最终目的。通过对数据的分析和处理，我们可以发现油库安全管理中存在的问题和不足，提出改进措施和优化建议。

首先，油库安全数据的处理可以用于风险评估和预警。通过对数据的分析和挖掘，可以评估油库的安全状况和风险等级，制定相应的预警机制和应急预案。当数据出现异常或超过预设阈值时，可以自动触发预警系统，提醒管理人员及时采取措施进行处理。

其次，油库安全数据的处理还可以用于优化作业流程和提高作业效率。通过对作业数据的分析，可以发现作业过程中的瓶颈和问题，提出改进措施和优化方案。例如，可以通过分析作业人员的操作数据，优化作业流程和提高作业效率；通过分析设备的运行数据，制定更加合理的设备维护计划。

最后，油库安全数据的处理还可以用于事故追溯和原因分析。在发生事故时，可以通过对数据的回溯和分析，找出事故的原因和责任人，为事故处理和责任追究提供依据。

油库安全数据的分析与处理是提升油库安全管理水平的重要手段。通过收集、整合、分析和处理油库安全数据，我们可以发现油库安全管理中存在的问题和不足，提出改进措施和优化建议，为油库的安全稳定运行提供有力保障。同时，随着大数据、人工智能等技术的不断发展，油库安全数据的分析与处理将更加智能化和精准化，为油库安全管理带来更加广阔的应用前景。

第六章　危化品仓储安全管理

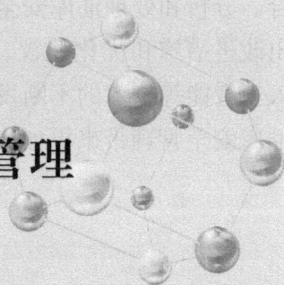

危化品仓储安全管理是确保危化品在储存过程中不发生泄漏、燃烧、爆炸等事故的关键。企业需要选择合适的储存设施加强危化品的标识和分类管理确保危化品的安全储存。

第一节　危化品仓储设施的设计与管理

危化品储存设施是确保危化品安全存储的关键环节，其设计与管理水平直接关系到企业的安全生产和环境保护。因此，下面将深入探讨危化品储存设施的设计原则、技术要求及管理策略，以期为相关企业提供有益的参考。

一、危化品储存设施的设计原则

危化品储存设施的设计应遵循一系列原则，以确保其安全性、实用性和经济性。

（一）安全性原则

安全性是危化品储存设施设计的首要原则。设计时应充分考虑危化品的物理和化学性质，确保设施能够承受可能出现的各种风险。例如，对于易燃易爆的危化品，应设计防爆、防火措施；对于有毒有害的危化品，应设计防泄漏、防腐蚀措施。同时，设施内应配备完善的安全监控系统和应急救援设施，以便及时发现和处理安全隐患。

（二）实用性原则

危化品储存设施的设计应满足实际使用需求，确保设施的易用性和可操作性。设施内应合理规划布局，便于危化品的分类存储和取用。同时，设施应具备良好的通风、照明和排水条件，以确保危化品在储存过程中的稳定性和安全性。

（三）经济性原则

在满足安全性和实用性的前提下，危化品储存设施的设计应尽可能降低成本，提高经济效益。设计时应充分考虑材料的选用、结构的优化及施工的便捷性，以降低建设成本。同时，设施的使用寿命和维护成本也应纳入考虑范围，以确保设施的经济性。

二、危化品储存设施的技术要求

危化品储存设施的技术要求涉及设施的各个方面，包括建筑结构、防护措施、监测系统等。

（一）建筑结构要求

危化品储存设施的建筑结构应坚固耐用，能够承受自然灾害和人为因素的影响。设施的基础应稳固，能够承受设施的重量和可能产生的振动。同时，设施的墙体、屋顶等部分应采用防火、防爆、防腐蚀的材料，以确保设施的安全性。

（二）防护措施要求

针对不同类型的危化品，应采取相应的防护措施。例如，对于易燃易爆的危化品，应设置防爆墙、防爆门等防爆设施；对于有毒有害的危化品，应设置防泄漏槽、防泄漏围堰等防泄漏设施。除此之外，设施内还应配备灭火器材、应急救援设备等安全设施，以便在紧急情况下能够及时进行处理。

（三）监测系统要求

危化品储存设施应配备完善的监测系统，以便对设施内的环境参数和危化品状态进行实时监测。监测系统应包括温度、湿度、压力、泄漏等参数的监测设备，以及视频监控、报警系统等安全监控设备。通过实时监测和数据分析，可以及时发现潜在的安全隐患并采取相应的处理措施。

三、危化品储存设施的管理策略

危化品储存设施的管理是确保设施安全运行的重要环节。企业应建立完善的管理制度和管理策略，以提高设施的管理水平。

（一）制定管理制度和操作规程

企业应制定详细的危化品储存设施管理制度和操作规程，明确设施的使用、维护、检查等方面的要求。制度和规程应根据不同类型的危化品和设施特点进行制定，确保其实用性和有效性。同时，企业还应定期对制度和规程进行审查和更新，以适应新的法规和标准的要求。

（二）加强人员培训和管理

危化品储存设施的管理涉及多个方面，需要专业的人员进行管理和操作。因此，企业应加强对相关人员的培训和管理，提高其安全意识和操作技能。培训内容应包括危化品的性质、储存要求、应急处理等方面的知识，以及设施的操作、维护、检查等方面的技能。同时，企业还应建立健全的人员考核机制，对人员的工作表现进行定期评估和奖惩。

（三）加强设施的日常维护和检查

危化品储存设施的日常维护和检查是确保其安全运行的关键。企业应建立设施维护和检查制度，明确维护和检查的内容、周期和方法。维护和检查应包括对设施的结构、设备、防护措施等方面的检查和维护，以及对环境参数和危化品状态的监测和分析。对于发现的问题和隐患，应及时进行处理和记录，以确保设施的安全运行。

危化品储存设施的设计与管理是一项复杂而重要的工作。企业应遵循安全性、实用性和经济性的原则进行设计，满足相关的技术要求和管理要求。通过完善的管理制度和管理策略，可以提高危化品储存设施的管理水平，确保企业的安全生产。

第二节 危化品仓储作业的安全操作规范

一、危化品入库与出库的操作规范

由于固有的危险性，危化品的入库与出库操作必须严格遵守规范，确保人员安全和物资的有效管理。以下将详细阐述危化品入库与出库的操作规范。

（一）危化品入库操作规范

1. 入库前的准备工作

在危化品入库前，必须做好充分的准备工作。首先，要检查仓库的设施是否完好，包括通风设备、消防设备、安全标识等是否齐全并处于良好状态。其次，要核对危化品的品种、数量、规格等信息，确保与入库单一致。最后，要对入库人员进行安全培训，确保他们了解危化品的性质、危害及应急处理措施。

2. 入库操作

入库时，应按照先入先出的原则，合理安排货位。对于不同种类的危化品，应设置明显的隔离区域，并贴上相应的安全标识。在搬运过程中，应使用专用的搬运工具和设备，避免碰撞、摩擦等可能引发危险的行为。同时，要确保搬运人员的安全防护措施到位，如佩戴防护眼镜、手套、口罩等。

3. 入库记录与检查

完成入库后，要及时做好记录，包括危化品的名称、数量、规格、入库时间等信息。同时，要对入库的危化品进行质量检查，确保其符合相关标准和要求。对于不合格的危化品，应予以退回或采取其他处理措施。

（二）危化品出库操作规范

1. 出库前的准备工作

在危化品出库前，应提前核对出库单，确保出库信息的准确性。同时，要检查仓库的设施是否完好，特别是与出库操作相关的设备是否处于良好状态。除此之外，还要对出库人员进行安全培训，确保他们了解出库过程中的安全注意事项。

2. 出库操作

出库时，应按照出库单的要求，准确找到对应的危化品。在搬运过程中，同样要使用专用的搬运工具和设备，并严格遵守安全操作规程。对于易燃、易爆、有毒等危险性较大的危化品，应采取更加严格的安全措施，如使用防爆工具、穿戴防护服等。

3. 出库记录与核对

完成出库后，要及时做好记录，包括危化品的名称、数量、规格、出库时间等信息。同时，要对出库的危化品进行核对，确保与出库单一致。对于出现的差异或问题，应及时查明原因并处理。

（三）安全管理与应急措施

在危化品入库与出库的过程中，安全管理至关重要。首先，要建立健全的安全管理制度，明确各项操作规程和安全责任。其次，要加强安全培训和教育，提高员工的安全意识和操作技能。最后，还要定期进行安全检查和维护，确保仓库设施的安全可靠。

同时，为了应对可能出现的紧急情况，应制定完善的应急措施，包括建立应急预案、配备应急设备和器材、组织应急演练等。在发生紧急情况时，应迅速启动应急预案，采取有效措施进行处置，确保人员安全和物资损失最小化。

总之，危化品入库与出库的操作规范是保障仓库安全和物资管理的重要环节。通过严格遵守规范、加强安全管理和应急措施的实施，可以有效降低危化品在入库与出库过程中的安全风险，确保企业的安全稳定发展。

二、危化品仓储过程中的安全操作

危化品仓储是危化品管理的重要环节，其安全操作直接关系到人员生命安全和环境保护。在危化品仓储过程中，必须严格遵守安全操作规程，确保各项安全措施得到有效执行。以下将详细阐述危化品仓储过程中的安全操作。

（一）仓储设施的安全要求

危化品仓储设施的建设和布局应符合国家和地方的安全标准，满足防火、防爆、防毒、防泄漏等要求。仓库应具备良好的通风条件，以确保空气流通，减少有害气体的积聚。同时，仓库内应设置明显的安全标识和警示牌，提醒人员注意安全。

在设施维护方面，应定期对仓库设施进行检查和维修，确保其处于良好状态。特别是电气设备、消防设施等关键设施，应定期进行检测和保养，确保其正常运行。除此之外，仓库内应配备必要的应急设备和器材，如灭火器、消防栓、防毒面具等，以应对可能出现的紧急情况。

（二）危化品的分类与储存

危化品应根据其性质、危险性和相容性进行分类储存。对于易燃、易爆、有毒等危险性较大的危化品，应设置专门的储存区域，并采取严格的隔离措施。同时，应遵守"五距"原则，即货物与墙、柱、梁、屋顶、照明设施的距离应符合规定，以确保货物的安全和通道的畅通。

在储存过程中，应严格控制危化品的储存温度和湿度，避免过高或过低的温度对危化品造成不良影响。除此之外，应定期检查危化品的包装和标识，确保其完好无损、清晰可见。对于过期或失效的危化品，应及时处理，避免长期存放带来安全隐患。

（三）仓储作业的安全管理

仓储作业是危化品仓储过程中的重要环节，也是安全管理的重点。在作业前，应对作业人员进行安全培训，确保他们了解危化品的性质、危害及应急处理措施。同时，应制定详细的作业流程和操作规范，明确各项作业的安全要求和注意事项。

在作业过程中，应严格遵守操作规范，确保作业人员佩戴好个人防护用品，如防护眼镜、手套、口罩等。对于需要使用机械设备的作业，应确保设备的安全性能和操作人员的熟练程度。除此之外，应严格控制作业现场的火源和静电，避免引发火灾或爆炸事故。

作业完成后，应及时清理作业现场，确保无遗留物或危险源。同时，应对作业过程中出现的问题进行总结和分析，以便改进和优化作业流程。

（四）应急处理与事故预防

危化品仓储过程中可能发生各种意外情况，因此必须制定完善的应急处理措施。首先，应建立应急预案，明确应急组织、职责和处置程序。其次，应定期组织应急演练，提高员工的应急处理能力和协作水平。最后，在发生紧急情况时，应迅速启动应急预案，采取有效措施进行处置，防止事故扩大化。

除此之外，事故预防同样重要。应通过加强安全管理、提高员工安全意识、完善安全设施等措施，降低事故发生的概率。同时，应定期对仓库进行安全检查，及时发现并消除安全隐患。对于发现的问题和隐患，应制定整改措施并限期完成整改，确保仓库的安全稳定运行。

危化品仓储过程中的安全操作是一项系统工程，需要从多个方面进行综合考虑和管理。通过加强仓储设施的安全建设、实施危化品的分类储存、加强仓储作业的安全管理以及制定完善的应急处理与事故预防措施，可以确保危化品仓储过程的安全可靠，为企业的安全稳定发展提供有力保障。同时，随着科技的不断发展，新的安全技术和设备不断涌现，应积极探索和应用新技术，提高危化品仓储的安全管理水平。

三、危化品仓储作业的风险控制措施

危化品仓储作业过程中，由于危化品本身的特性及作业环境的复杂性，存在着诸多潜在风险。为了保障作业安全，减少事故发生，必须采取有效的风险控制措施。以下将从三个方面详细阐述危化品仓储作业的风险控制措施。

（一）强化仓储作业的安全管理

首先，建立健全危化品仓储作业的安全管理制度是风险控制的基础。制度应明确作业人员的职责、作业流程、安全操作规范以及应急处理措施等，确保作业人员能够清晰地了解并遵守相关规定。同时，制度应定期更新，以适应新的安全要求和作业环境变化。

其次，加强作业人员的安全培训和教育至关重要。作业人员应接受危化品知识、安全操作规程、应急处理等方面的培训，提高安全意识和操作技能。除此之外，还应定期组织安全知识竞赛、应急演练等活动，增强作业人员的安全责任感和应对突发事件的能力。

最后，强化现场安全管理也是风险控制的重要手段。作业现场应设置明显的安全警示标志，配备必要的安全防护设施。同时，应加强对作业过程的监控和检查，确保作业人员遵守安全操作规范，及时发现并纠正不安全行为。

（二）实施严格的危化品分类储存与管理

危化品的分类储存与管理是降低仓储作业风险的关键措施。首先，应根据危化品的性质、危险性和相容性进行分类储存，避免不同性质的危化品相互接触引发危险。同时，应设置专门的储存区域，并配备相应的安全防护设施，如防火、防爆、防泄漏等设施。

其次，加强危化品的出入库管理也是必要的风险控制措施。应建立严格的出入库管理制度，对危化品的数量、质量、包装等进行严格检查，确保符合安全要求。同时，应做好出入库记录，便于追溯和查询。

最后，定期对危化品进行质量检查和安全评估也是必要的。通过检查评估，可以及时发现危化品的质量问题和安全隐患，并采取相应的处理措施，确保危化品的安全储存和使用。

（三）完善应急处理与事故预防机制

为了应对可能出现的紧急情况，应建立完善的应急处理与事故预防机制。应制定详细的应急预案，明确应急组织、职责、处置程序等，确保在紧急情况下能够迅速、有效地进行处置。同时，应配备必要的应急设备和器材，如灭火器、消防栓、防毒面具等，以应对可能出现的火灾、泄漏等事故。

加强事故预防也是风险控制的重要环节。通过加强安全管理、提高作业人员安全意识、完善安全设施等措施，降低事故发生的概率。同时，应定期对仓库进行安全检查，及时发现并消除安全隐患。对于发现的问题和隐患，应制定整改措施并限期完成整改，确保仓库的安全稳定运行。

除此之外，建立事故报告和分析制度也是必要的。对于发生的事故，应及时进行报告和分析，查明事故原因和责任，总结经验教训，制定防范措施，防止类似事故的再次发生。

危化品仓储作业的风险控制措施涉及多个方面，包括强化安全管理、实施严格的危化品分类储存与管理及完善应急处理与事故预防机制等。通过采取这些措施，可以有效降低危化品仓储作业的风险，保障作业人员的安全和企业的稳定发展。同时，随着科技的进步和安全管理理念的更新，应不断探索和应用新的风险控制技术和方法，提高危化品仓储作业的安全管理水平。

第三节　危化品仓储的安全监测与预警系统

一、危化品仓储安全监测系统的建立

危化品仓储安全监测系统的建立是确保危化品储存安全、预防事故发生的重要措施。该系统通过集成多种监测技术和设备，实现对危化品仓储环境的全面监控和预警，为企业的安全管理提供有力支持。以下将详细阐述危化品仓储安全监测系统的建立过程。

（一）系统规划与设计

在建立危化品仓储安全监测系统之前，首先需要进行系统规划与设计。这一阶段的主要任务是明确系统的监测目标、功能需求和技术方案。具体而言，需要分析危化品仓储过程中的潜在风险和安全隐患，确定需要监测的参数和指标，如温度、湿度、可燃气体浓度等。同时，还需要考虑系统的可靠性、稳定性和易用性，确保系统能够长期稳定运行，并为用户提供便捷的操作界面和数据查询功能。

在系统规划与设计过程中，还需要考虑系统的可扩展性和兼容性。随着企业规模的扩大和安全管理要求的提高，可能需要增加新的监测设备和功能。因此，在设计系统时应考虑兼容性并预留足够的扩展接口，以便后续升级和扩展。

（二）设备选型与采购

设备选型与采购是建立危化品仓储安全监测系统的关键环节。根据系统规划与设计的要求，需要选择合适的监测设备和传感器。这些设备应具有良好的测量精度和稳定性，能够满足危化品仓储环境的特殊要求。同时，还需要考虑设备的耐用性和维护成本，确保设备能够长期稳定运行并降低维护成本。

在采购设备时，应选择正规、有资质的供应商，确保设备的质量和售后服务。同时，还需要对设备进行严格的验收和测试，确保设备符合系统要求并能够正常工作。

（三）系统安装与调试

在系统设备和传感器选型完成后，需要进行系统的安装与调试工作。需要根据危化品仓储现场的实际情况，确定监测设备的安装位置和布局。安装位置应能够准确反映仓储环境的实际情况，并避免受到干扰和破坏。同时，还需要考虑设备的供电和通信问题，确保设备能够正常工作并实时传输数据。

在安装过程中，应严格按照设备说明书和安装规范进行操作，确保设备的安装质量和稳定性。安装完成后，还需要进行系统的调试和测试，确保各设备之间能够正常通信并准确传输数据。同时，还需要对系统的报警和预警功能进行测试，确保在异常情况发生时能够及时发出警报并采取相应的措施。

（四）系统集成与功能实现

在系统安装与调试完成后，需要进行系统的集成与功能实现工作。这一阶段的主要任务是将各个监测设备和传感器连接成一个整体，实现数据的集中采集、处理和展示。同时，还需要根据实际需求开发相应的软件平台或系统界面，为用户提供便捷的数据查询、分析和报警功能。

在系统集成过程中，需要确保各设备之间的通信协议和数据格式一致，以实现数据的无缝对接和传输。同时，还需要考虑系统的数据安全和隐私保护问题，采取相应的措施确保数据的安全性和完整性。

（五）系统运维与升级

危化品仓储安全监测系统的建立并不是一次性的工作，而是需要长期进行运维和升级的过程。在系统运行过程中，需要定期对设备进行巡检和维护，确保其正常工作和数据准确性。同时，还需要对系统进行定期的升级和优化，以适应新的安全要求和技术发展。

在运维和升级过程中，应建立完善的档案管理制度，记录设备的运行状况、维护记录和升级情况等信息。这有助于及时发现和解决潜在问题，提高系统的稳定性和可靠性。

危化品仓储安全监测系统的建立是一个复杂而重要的过程，需要综合考虑多个因素并进行细致的规划和实施。同时，随着技术的不断进步和应用经验的积累，相信未来的危化品仓储安全监测系统将会更加智能、高效和可靠。

二、危化品仓储预警机制的设计与实施

危化品仓储预警机制是确保危化品储存安全、预防事故发生的关键环节。预警机

制通过实时监测仓储环境，及时发现潜在的安全隐患，并采取相应的预防措施，从而有效降低事故发生的概率。下面将从预警机制的设计原则、监测参数选择、预警模型建立及实施策略等方面进行详细阐述。

（一）预警机制的设计原则

在设计危化品仓储预警机制时，应遵循以下原则：

1. 安全性原则

预警机制应确保人员安全和环境保护，防止因监测设备或预警系统本身带来的安全隐患。

2. 准确性原则

预警机制应能够准确监测仓储环境的各项参数，及时发现异常情况，避免误报或漏报。

3. 实时性原则

预警机制应能够实时获取监测数据，并及时进行数据处理和分析，确保预警信息的及时性和有效性。

4. 可扩展性原则

预警机制应具有一定的可扩展性，能够适应不同规模和类型的危化品仓储需求，以及未来的技术升级和改造。

（二）监测参数的选择

选择合适的监测参数是预警机制设计的关键。根据危化品仓储的特点和安全要求，以下是一些重要的监测参数：

1. 温度和湿度

温度和湿度的变化可能对危化品的稳定性和安全性产生影响，因此需要实时监测并设定合理的阈值。

2. 可燃气体浓度

危化品仓储中可能存在可燃气体泄漏的风险，通过监测可燃气体浓度，可以及时发现潜在的火灾或爆炸隐患。

3. 液位和压力

对于液体和气体危化品，液位和压力的变化可能导致泄漏或爆炸等安全事故，因此需要实时监测这些参数。

4. 视频监控

通过安装视频监控设备，可以实时监测仓储现场的情况，及时发现异常行为和事故隐患。

（三）预警模型的建立

预警模型的建立是预警机制的核心。根据所选的监测参数和历史数据，可以采用以下方法进行预警模型的建立：

1. 统计分析法

通过对历史数据进行统计分析，找出参数变化的规律和趋势，设定合理的阈值和预警级别。

2. 机器学习法

利用机器学习算法对监测数据进行训练和学习，建立预测模型，实现对异常情况的自动识别和预警。

3. 专家系统法

结合专家的经验和知识，建立专家系统，对监测数据进行综合分析和判断，提供预警决策支持。

在建立预警模型时，还需要考虑模型的准确性、可靠性、自适应性和可维护性。同时，应定期对模型进行验证和更新，以适应变化的环境和需求。

（四）预警机制的实施策略

预警机制的实施需要制定详细的策略，确保预警信息的及时传递和有效处理。以下是一些关键的实施策略：

1. 建立预警信息发布制度

明确预警信息的发布流程、责任人和发布渠道，确保预警信息能够准确、快速地传递给相关人员。

2. 制定应急响应预案

根据预警级别和潜在风险，制定相应的应急响应预案，明确应急处理措施和人员分工，提高应对突发事件的能力。

3. 加强人员培训

定期对仓储人员进行安全培训和预警机制培训，提高他们的安全意识和应对能力。

4. 建立定期巡查制度

定期对仓储设施和设备进行巡查和维护，确保其正常运行和监测数据的准确性。

5. 加强与相关部门的沟通与协作

与消防、环保等相关部门建立紧密的沟通与协作机制，共同应对可能发生的安全事故。

除此之外，在实施预警机制的过程中，还应注重数据的收集和分析，不断优化预警模型和提高预警的准确率。同时，应加强技术创新和研发，探索新的监测技术和预警方法，提高危化品仓储安全管理的水平。

危化品仓储预警机制的设计与实施是一个复杂而重要的过程。通过选择合适的监测参数、建立准确的预警模型以及制定有效的实施策略，可以实现对危化品仓储环境的全面监测和预警，为企业的安全管理提供有力支持。在未来的发展中，应继续加强技术创新和人才培养，推动危化品仓储预警机制的不断完善和提升。

三、安全监测与预警数据的分析与应用

在危化品仓储管理中,安全监测与预警数据的分析与应用是确保仓储安全的关键环节。通过对监测数据的深入挖掘和分析,企业能够及时发现潜在的安全隐患,优化仓储管理策略,提升整体安全水平。下面将从数据的收集与处理、分析方法的选择、应用策略的制定等方面进行详细阐述。

(一)数据的收集与处理

安全监测与预警数据的收集与处理是数据分析的基础。企业需要建立完善的数据收集系统,确保实时监测数据能够准确、完整地传输到数据中心。这包括温度、湿度、可燃气体浓度等环境参数的监测数据,以及视频监控、入侵报警等安防系统的数据。

在数据收集过程中,还需要注意数据的准确性和可靠性。通过定期校准监测设备、检查数据传输线路等方式,确保数据的真实性和有效性。同时,对于异常数据或错误数据,应进行筛选和剔除,避免对后续分析造成干扰。

数据处理是数据分析的重要环节。企业需要根据不同的数据类型和分析需求,选择合适的数据处理方法。例如,对于环境参数数据,可以采用平滑滤波、数据插值等方法进行预处理,消除噪声和异常值;对于视频数据,可以利用图像识别、目标跟踪等技术进行特征提取和识别。

(二)分析方法的选择

在选择分析方法时,企业应根据自身的需求和数据特点进行综合考虑。常用的分析方法包括统计分析、机器学习、数据挖掘等。

统计分析方法可以对数据进行描述性统计和推断性统计,揭示数据的分布规律、相关性等特征。例如,通过计算环境参数的平均值、标准差等指标,可以评估仓储环境的稳定性;通过绘制散点图、折线图等可视化图表,可以直观地展示数据的变化趋势。

机器学习方法可以从数据中学习规律和模式,用于预测和分类等任务。在危化品仓储中,可以利用机器学习算法对监测数据进行训练和学习,建立预测模型,对潜在的安全隐患进行预警。例如,基于历史数据和实时监测数据,可以训练出火灾预警模型、泄漏预警模型等。

数据挖掘方法则可以从大量数据中挖掘出隐藏的信息和知识。通过关联规则挖掘、聚类分析等技术,可以发现不同数据之间的关联性和差异性,为仓储管理提供决策支持。

(三)应用策略的制定

安全监测与预警数据的分析与应用需要制定具体的策略。企业应建立数据分析团队或委托专业机构进行数据分析工作,确保分析的准确性和专业性。同时,还需要制

定数据分析的流程和规范，明确分析的目标、方法、步骤和输出形式。

在应用策略方面，企业可以根据分析结果制定相应的安全管理措施。例如，根据预警模型的输出结果，可以制定针对性的应急处置预案，提前进行人员疏散、设备停机等操作；根据数据挖掘的结果，可以优化仓储布局、改进作业流程等，提高整体安全水平。

除此之外，企业还应注重数据的共享与协同。通过与其他部门或企业共享安全监测与预警数据，可以实现信息的互通有无和资源的共享利用，提高整个行业的安全管理水平。

安全监测与预警数据的分析与应用是危化品仓储安全管理的重要组成部分。通过完善数据收集与处理系统、选择合适的分析方法、制定具体的应用策略，企业能够实现对仓储安全的全面掌控和优化管理。在未来，随着技术的不断发展和数据的不断积累，安全监测与预警数据的分析与应用将发挥更加重要的作用，为危化品仓储的安全管理提供有力支持。

第四节 危化品仓储的应急管理与救援措施

一、危化品仓储应急预案的编制与演练

危化品仓储应急预案是应对突发事故、保障人员安全和减少财产损失的重要措施。预案的编制与演练是确保预案有效性、提高应急响应能力的关键环节。下面将从预案编制的原则、内容要点及演练的组织与实施等方面进行详细阐述。

（一）预案编制的原则

在编制危化品仓储应急预案时，应遵循以下原则：

1. **科学性原则**

预案应基于科学的风险评估和事故分析，确保预案的针对性和实用性。

2. **系统性原则**

预案应涵盖事故预防、应急处置、恢复重建等各个环节，形成完整的应急管理体系。

3. **可操作性原则**

预案应简洁明了，易于理解和操作，确保在紧急情况下能够迅速启动和有效执行。

4. **灵活性原则**

预案应具有一定的灵活性，能够适应不同事故类型和不同级别的应急响应需求。

（二）预案内容要点

危化品仓储应急预案应包括以下内容要点：

1. 应急组织体系

明确应急指挥机构、应急队伍和职责分工，确保在事故发生时能够迅速组织起有效的应急响应。

2. 事故风险评估

对仓储设施、危化品种类、数量等进行风险评估，确定潜在的事故风险点和采取相应的应对措施。

3. 应急处置程序

针对不同类型的事故，制定具体的应急处置程序，包括事故报告、现场处置、人员疏散、救援措施等。

4. 应急资源保障

明确应急物资、设备、通讯等资源的储备和调配方式，确保在事故发生时能够及时提供必要的支持。

5. 后期处置与恢复

制订事故后的清理、修复和恢复重建计划，确保尽快恢复正常生产和生活秩序。

（三）预案演练的组织与实施

预案演练是检验预案有效性、提高应急响应能力的重要手段。在组织与实施预案演练时，应注意以下几点：

1. 制订演练计划

根据预案内容和实际情况，制订详细的演练计划，明确演练目标、时间、地点、参与人员等。

2. 组建演练团队

成立专门的演练团队，负责演练的组织、协调和实施工作。

3. 设定演练场景

根据预案类型和风险评估结果，设定合适的演练场景，模拟真实的事故情况。

4. 实施演练过程

按照演练计划，逐步实施演练过程，包括应急响应启动、现场处置、资源调配等环节。

5. 总结评估与改进

演练结束后，对演练过程进行总结评估，分析存在的问题和不足，提出改进措施和建议，不断完善预案和应急响应能力。

在预案演练过程中，还应注重以下几个方面：

首先，要确保演练的真实性和有效性。演练场景应尽可能接近真实事故情况，参与人员应认真对待演练，按照预案要求进行操作。同时，要对演练过程进行全程记录，以便后续分析和总结。

其次，要加强演练的协同与沟通。演练过程中，各部门、各岗位之间应保持良好的沟通与协作，确保信息畅通、资源共享。除此之外，还应加强与其他应急机构或企业的合作与交流，共同提高应对危化品仓储事故的能力。

最后，要关注演练成果的转化与应用。演练结束后，要对评估结果进行深入分析，将改进措施和建议转化为实际行动，不断完善预案和应急响应机制。同时，还应将演练成果进行宣传推广，提高全体员工的应急意识和应对能力。

危化品仓储应急预案的编制与演练是确保仓储安全、应对突发事故的重要措施。通过遵循科学性、系统性、可操作性和灵活性等原则，制定内容全面、针对性强的预案，并组织开展有效的演练活动，可以不断提高企业的应急响应能力和安全管理水平，为危化品仓储的安全稳定提供有力保障。

二、危化品仓储事故的应急响应与处理

危化品仓储事故一旦发生，其后果往往十分严重，可能涉及人员伤亡、环境污染以及财产损失等多方面。因此，有效的应急响应与处理是确保事故能够得到迅速控制、减少损失的关键环节。下面将从应急响应机制的启动、现场处置、资源调配及后期处理等方面，详细阐述危化品仓储事故的应急响应与处理流程。

（一）应急响应机制的启动

危化品仓储事故发生后，迅速启动应急响应机制至关重要。首先，应建立明确的应急响应启动条件，当事故达到或超过预设的阈值时，立即启动应急响应机制。这包括火灾、爆炸、泄漏等不同类型的危化品事故。

其次，启动应急响应机制后，应立即成立应急指挥部，由企业负责人或指定人员担任指挥长，负责全面指挥和协调应急工作。同时，启动应急通信系统，确保指挥部与各应急小组、外部救援力量之间的信息畅通。

最后，还应根据事故类型和严重程度，及时向上级主管部门和地方政府工作报告，请求必要的支持和援助。这有助于协调各方力量，共同应对事故。

（二）现场处置

现场处置是危化品仓储事故应急响应的核心环节。在事故发生后，应迅速组织专业人员进行现场勘查和评估，了解事故的具体情况和影响范围。

根据勘查结果，制定相应的现场处置方案。对于火灾事故，应迅速切断火源，使用适当的灭火剂进行扑救；对于泄漏事故，应采取措施防止泄漏扩散，并尽快清理泄漏物。在处理过程中，应优先考虑人员的安全，确保救援人员佩戴好防护装备，避免二次事故的发生。

同时，现场处置还应注重环境保护。对于可能对环境造成污染的危化品，应采取有效的措施防止其扩散和扩大污染范围。在事故处理完毕后，还应对现场进行彻底的清理和消毒，确保环境安全。

（三）资源调配

在危化品仓储事故应急响应中，资源的及时调配和有效利用至关重要。这包括应

急物资、设备、人员及外部救援力量等。

企业应建立完善的应急物资储备制度，确保在事故发生时能够及时提供所需的物资和设备。同时，还应与专业的救援队伍建立合作关系，确保在需要时能够得到外部救援力量的支持。

在资源调配过程中，应注重资源的优化配置和合理利用。根据事故的实际情况和需求，科学合理地调配各种资源，确保应急工作的顺利进行。同时，还应加强资源的共享和协作，避免资源的浪费。

除此之外，在事故处理完毕后，还应对应急资源的使用情况进行总结和评估，为今后的应急工作提供经验和借鉴。

（四）后期处理

危化品仓储事故的后期处理是确保事故得到妥善解决、防止类似事故再次发生的关键环节。这包括事故调查、原因分析、责任追究及整改措施等方面。

首先，应组织专业人员进行事故调查，全面了解事故的经过、原因和损失情况。通过调查和分析，找出事故的根本原因，为今后的预防工作提供依据。

其次，根据调查结果，对相关责任人进行严肃处理，追究其法律责任。这有助于强化企业的安全意识和责任感，防止类似事故的再次发生。

最后，还应制定详细的整改措施，针对事故中暴露出的问题和隐患进行整改和改进。这包括加强安全管理制度的建设、提高员工的安全意识和技能、完善应急设施和装备等。

最后，应加强事故的总结和经验教训的提炼，为企业的安全管理和应急工作提供有益的借鉴和参考。

危化品仓储事故的应急响应与处理是一项复杂而重要的工作。通过迅速启动应急响应机制、科学进行现场处置、合理调配资源以及妥善进行后期处理，可以最大限度地减少事故损失、保障人员安全和环境保护。同时，这也需要企业不断加强安全管理、提高员工的应急意识和能力，以应对可能发生的危化品仓储事故。

三、危化品仓储救援力量的建设与管理

危化品仓储作为高风险行业，一旦发生事故，后果往往不堪设想。因此，建设一支高效、专业的救援队伍，对于应对危化品仓储事故、保障人员安全和减少财产损失具有重要意义。下面将从救援力量的组建、培训、装备及管理等方面，详细阐述危化品仓储救援力量的建设与管理。

（一）救援力量的组建

救援力量的组建是救援工作的基础。在组建救援力量时，应充分考虑危化品仓储事故的特点和需求，确保救援人员具备相应的专业知识和技能。

首先，应选拔具有丰富经验和专业技能的人员作为救援力量的核心成员。这些人

员应具备化学、安全、消防等方面的知识，能够迅速判断事故性质并采取相应的应对措施。

其次，应建立多元化的救援队伍，包括专业救援队伍、兼职救援队伍及志愿者队伍等。专业救援队伍负责应对重大、复杂的危化品仓储事故，兼职救援队伍和志愿者队伍则作为补充力量，在事故发生时提供必要的支持和协助。

最后，还应加强与外部救援力量的合作与交流，建立有效的协调机制，确保在事故发生时能够迅速调动各方力量，共同应对事故。

（二）救援人员的培训与考核

救援人员的培训和考核是确保救援力量素质和能力的重要途径。在培训方面，应制订详细的培训计划，包括培训内容、培训方式及培训周期等。培训内容应涵盖危化品基础知识、救援技能、安全防护等方面，培训方式可以采用理论教学、实践操作、模拟演练等多种形式。同时，还应定期组织救援人员进行复训和更新知识，以适应不断变化的危化品仓储环境。

在考核方面，应建立严格的考核制度和标准，对救援人员的专业知识、技能水平及应急反应能力进行全面评估。考核结果应作为救援人员选拔、晋升和奖惩的重要依据，以激励救援人员不断提高自身素质和能力。

（三）救援装备的配备与维护

救援装备是救援工作的重要保障。在配备救援装备时，应根据危化品仓储事故的特点和需求，选择适当的装备类型和数量。这包括消防器材、防护装备、检测仪器、通讯设备等。同时，还应注重装备的先进性和实用性，确保在事故发生时能够发挥最大的作用。

在装备维护方面，应建立完善的维护制度和管理机制，定期对救援装备进行检查、保养和维修。对于损坏或失效的装备，应及时更换或修复，确保装备始终处于良好的工作状态。除此之外，还应加强对救援装备的使用和管理培训，确保救援人员能够正确使用和维护装备。

（四）救援力量的管理与协调

救援力量的管理与协调是确保救援工作高效、有序进行的关键。在管理方面，应建立健全的组织机构和管理制度，明确救援力量的职责、权限和工作流程。同时，还应加强救援力量的日常管理和考核评估，确保救援人员能够时刻保持高度的工作热情和良好的工作状态。

在协调方面，应建立有效的协调机制和信息共享平台，确保在事故发生时能够迅速调动各方力量、共享信息和资源。这包括与政府部门、其他救援机构及企业内部的协调与合作。通过加强协调与合作，可以形成合力，共同应对危化品仓储事故的挑战。

危化品仓储救援力量的建设与管理是一项系统工程，需要我们从多个方面入手，不断加强和完善。通过组建专业的救援力量、加强救援人员的培训与考核、配备先进的救援装备及加强管理与协调等措施，我们可以建立起一支高效、专业的救援队伍，为应对危化品仓储事故提供有力的保障。同时，我们还应不断总结经验教训，不断完善救援力量的建设与管理机制，以适应不断变化的危化品仓储环境和新的挑战。

第五节　危化品仓储的安全评价与改进

一、危化品仓储安全评价体系的建立

危化品仓储安全评价体系的建立是确保仓储设施安全、防范事故发生的重要基础。通过对仓储设施、管理制度、人员操作等方面进行全面、系统的评价，可以及时发现潜在的安全隐患，并采取有效措施进行整改，从而保障危化品仓储的安全稳定。

（一）评价体系的框架构建

危化品仓储安全评价体系的框架构建是评价工作的基础。首先，需要明确评价的目标和原则，确保评价工作能够全面、客观地反映仓储设施的安全状况。其次，根据危化品仓储的特点和需求，确定评价的内容和方法，包括评价指标的选择、评价标准的制定以及评价流程的设计等。最后，形成完整的评价体系框架，为后续的评价工作提供指导。

在构建评价体系框架时，应注重科学性和实用性。评价指标应能够全面反映仓储设施的安全状况，包括设施设备的完好性、管理制度的完善性、人员操作的规范性等方面。评价标准应明确、具体，便于评价人员进行操作。评价流程应简洁明了，确保评价工作的顺利进行。

（二）评价指标的确定与量化

评价指标的确定与量化是评价体系的核心。针对危化品仓储的实际情况，可以从以下几个方面确定评价指标：

1. 设施设备安全指标

包括仓库结构的安全性、消防设施的完备性、安全监控系统的有效性等。这些指标可以通过现场检查、设备测试等方式进行量化评估。

2. 管理制度安全指标

包括安全管理制度的完善性、应急预案的可行性、安全培训的有效性等。这些指标可以通过查阅相关资料、观察实际操作等方式进行量化评估。

3. 人员操作安全指标

包括操作人员的资质、操作技能水平、安全意识等。这些指标可以通过考核、问卷调查等方式进行量化评估。

在确定评价指标时，应注重指标的可操作性和可衡量性。同时，应根据实际情况对指标进行权重分配，以反映不同指标对仓储安全的重要性。

（三）评价标准的制定与实施

评价标准的制定与实施是确保评价工作准确、公正的关键。根据评价指标的量化结果，结合相关法律法规和标准规范，制定具体的评价标准。评价标准应明确各项指标的评价等级和相应的分值范围，便于评价人员进行评分和比较。

在实施评价时，应严格按照评价标准进行操作，确保评价结果的客观性和公正性。评价人员应具备相应的专业知识和实践经验，能够准确判断各项指标的安全状况。同时，应加强对评价过程的监督和管理，防止出现偏差和错误。

除此之外，还应建立评价结果的反馈机制，将评价结果及时反馈给相关部门和人员，以便采取相应的措施进行整改和改进。对于评价中发现的问题和隐患，应制定详细的整改方案和时间表，确保问题得到及时解决。

（四）评价体系的持续改进与优化

危化品仓储安全评价体系是一个动态系统，需要随着仓储设施、管理制度、人员操作等方面的变化而不断改进和优化。因此，应建立定期评价和持续改进的机制，确保评价体系的时效性和有效性。

在持续改进方面，可以通过对评价结果的统计分析，找出仓储设施安全管理的薄弱环节和共性问题，提出针对性的改进措施和建议。同时，可以借鉴其他行业和企业的先进经验和技术手段，不断完善评价体系的框架、指标和标准。

在优化方面，可以注重评价体系的可操作性和实用性，简化评价流程、提高评价效率。同时，可以加强评价体系的信息化建设，利用现代信息技术手段提高评价工作的自动化和智能化水平。

危化品仓储安全评价体系的建立是一个系统而复杂的过程，需要综合考虑多个方面的因素和需求。通过构建科学的评价体系框架、确定合理的评价指标和量化方法、制定明确的评价标准和实施流程及建立持续改进和优化的机制，可以建立起一套符合危化品仓储特点的安全评价体系，为仓储设施的安全管理提供有力保障。

二、危化品仓储安全评价的实施与结果分析

危化品仓储安全评价是确保仓储设施安全运行、防范事故发生的重要环节。通过实施安全评价，可以全面、系统地了解仓储设施的安全状况，发现潜在的安全隐患，并采取相应的措施进行整改。下面将从实施流程、评价方法、结果分析等方面详细阐述危化品仓储安全评价的实施与结果分析。

（一）安全评价的实施流程

危化品仓储安全评价的实施流程通常包括以下几个步骤：

1. 准备阶段

明确评价的目的和范围，收集相关的法律法规、标准规范及仓储设施的基础资料。同时，组建评价团队，明确各成员的职责和任务。

2. 现场勘查阶段

评价团队对仓储设施进行实地勘查，了解设施的布局、结构、设备等情况。通过现场观察、测量、拍照等方式收集第一手资料，为后续的评价工作提供依据。

3. 评价分析阶段

根据评价指标和评价标准，对收集到的资料进行分析和处理。采用定量和定性相结合的方法，对各项指标进行评价打分，并计算综合评价结果。

4. 报告编制阶段

根据评价分析结果，编制评价报告。报告应详细阐述评价的过程、方法、结果及存在的问题和建议。同时，附上相关的数据表格、图片等辅助材料，便于理解和参考。

5. 反馈与整改阶段

将评价报告反馈给相关部门和人员，针对存在的问题和隐患制定整改措施和方案。监督整改工作的落实情况，确保问题得到及时解决。

（二）安全评价的方法选择

危化品仓储安全评价的方法多种多样，常用的方法包括安全检查表法、风险矩阵法、故障树分析法等。不同的方法有不同的适用范围和特点，需要根据实际情况进行选择和应用。

安全检查表法是一种简单易行的评价方法，通过编制详细的检查表，对仓储设施的各个方面进行逐项检查。这种方法操作简便，但可能存在一定的主观性和出现遗漏现象。

风险矩阵法是一种基于风险矩阵的评价方法，通过评估潜在事故的可能性和后果严重程度，确定风险等级。这种方法能够综合考虑多个因素，对风险进行量化评估，但需要对评价人员进行专业培训。

故障树分析法是一种系统性的评价方法，通过构建故障树模型，分析可能导致事故发生的各种因素及其逻辑关系。这种方法能够深入剖析事故的成因和机理，但需要投入较多的时间和精力。

在实际应用中，可以根据仓储设施的特点、评价目的及资源条件等因素，综合选择和应用不同的评价方法。同时，还可以结合专家咨询、现场调研等方式，提高评价的准确性和可靠性。

（三）安全评价的结果分析

危化品仓储安全评价的结果分析是评价工作的重要环节。通过对评价结果的深入分析和解读，可以了解仓储设施的安全状况、存在的问题及改进的方向。

1. 需要对各项评价指标的得分情况进行统计和分析

通过对比不同指标的得分差异，可以找出仓储设施在安全管理、设施设备、人员操作等方面的薄弱环节和突出问题。

2. 需要对综合评价结果进行分析和判断

根据评价标准和得分情况，确定仓储设施的安全等级和风险水平。对于存在重大安全隐患或风险较高的设施，应优先进行整改和改进。

3. 需要针对存在的问题和隐患提出具体的整改措施和建议

整改措施应明确具体、可行有效，能够针对性地解决存在的问题。同时，还应建立长效机制，加强日常管理和监督，确保仓储设施的安全稳定运行。

在结果分析过程中，还应注重数据的准确性和可靠性。对于评价过程中收集到的数据和信息，应进行认真核对和验证，确保数据的真实性和有效性。同时，还应充分考虑各种不确定因素和潜在风险，对评价结果进行合理的修正和调整。

危化品仓储安全评价的实施与结果分析是一个系统而复杂的过程。通过科学的实施流程、合理的方法选择及深入的结果分析，可以全面了解仓储设施的安全状况，为企业的安全管理提供有力支持。同时，还应不断总结经验教训，完善评价体系和方法，提高评价工作的质量和效率。

三、基于安全评价的危化品仓储改进措施

下面将从以下几个方面探讨基于安全评价的危化品仓储改进措施。

（一）加强设施设备的更新与维护

设施设备是危化品仓储安全的基础。在安全评价中，往往会发现一些设施设备存在老化、损坏或不符合安全标准的问题。针对这些问题，应采取以下改进措施：

1. 对老化的设施设备进行更新换代

随着科技的进步，新型的仓储设施设备不断涌现，具有更高的安全性和效率。因此，我们应积极引进先进的设施设备，替换掉老旧、不安全的设备。

2. 加强设施设备的日常维护和保养

定期对设施设备进行检查、维修和保养，确保其处于良好的工作状态。同时，建立设施设备的维护档案，记录每次维护和保养的情况，以便及时发现问题并采取相应措施。

3. 加强对设施设备的监控和预警

利用现代技术手段，如物联网、大数据等，对设施设备进行实时监控和预警，一旦发现异常情况，立即进行处理，防止事故的发生。

（二）完善安全管理制度与操作规程

安全管理制度和操作规程是危化品仓储安全的保障。在安全评价中，可能会发现一些管理制度和操作规程存在不完善、不合理或执行不到位的问题。针对这些问题，应采取以下改进措施：

1. 完善安全管理制度

根据仓储设施的实际情况和安全需求，制定全面、细致的安全管理制度，包括人

员进出管理、危化品存储管理、应急处置等方面。同时，建立安全管理制度的更新机制，随着法规政策的变化和仓储设施的变化，及时对管理制度进行修订和完善。

2. 规范操作规程

制定详细的操作规程，明确各项操作的步骤、方法和注意事项，确保操作人员能够按照规程进行操作。同时，加强对操作人员的培训和考核，确保他们熟悉并遵守操作规程。

3. 加强安全管理制度和操作规程的执行力度

建立监督机制，定期对安全管理制度和操作规程的执行情况进行检查和评估，发现问题及时整改。同时，对违反安全管理制度和操作规程的行为进行严肃处理，形成有效的威慑力。

（三）提升人员安全意识和操作技能

人员是危化品仓储安全的关键因素。在安全评价中，往往会发现一些操作人员在安全意识、操作技能等方面存在不足。针对这些问题，应采取以下改进措施：

1. 加强安全教育和培训

定期组织操作人员进行安全教育和培训，提高他们的安全意识和操作技能。培训内容可以包括危化品的性质、危害及预防措施、应急处置等方面。同时，建立培训考核机制，确保培训效果。

2. 开展应急演练

定期组织应急演练活动，模拟仓储设施发生事故的情景，让操作人员在实践中掌握应急处置的方法和技能。通过应急演练，可以提高操作人员的应急反应能力和团队协作能力。

3. 建立激励机制

对在仓储安全工作中表现突出的操作人员进行表彰和奖励，激发他们的工作热情和积极性。同时，对在安全评价中发现的问题进行通报和批评，促进问题的整改和改进。

基于安全评价的危化品仓储改进措施包括加强设施设备的更新与维护、完善安全管理制度与操作规程、提升人员安全意识和操作技能等方面。通过这些改进措施的实施，我们可以进一步提升危化品仓储设施的安全水平，为企业的安全稳定发展提供有力保障。同时，我们还应不断总结经验教训，持续改进和完善改进措施，以适应不断变化的安全需求和挑战。

第七章　化工设备安全管理

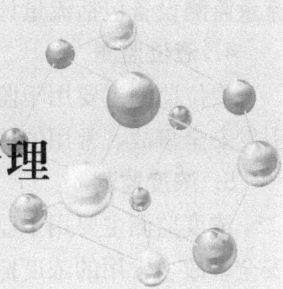

化工设备是化工生产的重要工具，其安全管理对于保障化工生产安全具有重要意义。企业需要建立完善的设备管理制度，加强设备的检查和维护，确保设备的正常运行。

第一节　化工安全技术装备概述

一、化工安全监测与预警技术

化工行业作为国民经济的重要支柱，其安全生产问题一直备受关注。随着科技的不断发展，化工安全监测与预警技术也在不断更新和完善。这些技术的应用，不仅可以提高化工生产的安全水平，减少事故的发生，还可以为企业带来经济效益和社会效益。下面将详细介绍化工安全监测与预警技术的相关内容。

（一）化工安全监测技术

化工安全监测技术是指通过各种仪器和设备，对化工生产过程中的各种参数进行实时监测和分析，以及时发现潜在的安全隐患。这些参数包括但不限于温度、压力、流量、液位、浓度等。

1. 温度监测

温度是化工生产过程中一个非常重要的参数。过高的温度可能导致化学反应失控，从而引发事故。因此，对温度的实时监测和分析至关重要。常用的温度监测设备包括热电偶、热电阻等。

2. 压力监测

压力是化工生产过程中另一个关键参数。过高的压力可能导致设备破裂，从而引发泄漏和火灾等事故。因此，对压力的实时监测和分析同样重要。常用的压力监测设备包括压力表、压力传感器等。

3. 流量监测

流量监测主要用于监控流体的流动情况，以确保生产过程的稳定和安全。常用的流量监测设备包括流量计、流量传感器等。

4. 液位监测

液位监测主要用于监控储罐、反应器等设备的液位情况，以防止液位过高或过低引发安全事故。常用的液位监测设备包括液位计、液位传感器等。

5. 浓度监测

浓度监测主要用于监控生产过程中各种物质的浓度，以防止浓度过高或过低引发安全事故。常用的浓度监测设备包括浓度计、浓度传感器等。

（二）化工安全预警技术

化工安全预警技术是指通过各种算法和模型，对实时监测到的数据进行处理和分析，以预测可能发生的安全事故，并发出预警。这些算法和模型包括但不限于统计分析、机器学习、深度学习等。

1. 统计分析

统计分析是一种基于历史数据的预测方法。通过对历史数据的分析，可以发现某些参数的变化趋势和规律，从而预测未来的情况。例如，可以通过分析历史温度数据，预测未来一段时间内的温度变化趋势，从而提前采取相应的安全措施。

2. 机器学习

机器学习是一种基于数据驱动的预测方法。通过对大量数据的学习和训练，机器学习模型可以自动发现数据中的规律和模式，并用于预测未来的情况。例如，可以利用机器学习模型对实时监测到的温度、压力等数据进行处理和分析，以预测可能发生的化学反应失控等事故，并发出预警。

3. 深度学习

深度学习是机器学习的分支，其特点是可以处理更加复杂和抽象的数据。通过构建深度神经网络模型，可以对实时监测到的数据进行深度分析和挖掘，以发现潜在的安全隐患。例如，可以利用深度学习模型对实时监测到的图像、声音等数据进行处理和分析，以预测可能发生的泄漏、火灾等事故，并发出预警。

（三）技术挑战与未来发展

虽然化工安全监测与预警技术在过去几十年中取得了显著的进展，但仍面临一些技术挑战和未来发展的问题。

1. 数据质量与准确性

实时监测数据的质量和准确性对预警系统的性能至关重要。然而，在实际生产过程中，由于各种情况（如传感器故障、环境因素等），监测数据可能存在误差。因此，如何提高数据质量和准确性是一个需要解决的问题。

2. 算法模型的选择与优化

不同的算法模型适用于不同的应用场景和数据特点。如何选择合适的算法模型并对其进行优化以提高预警准确性，是另一个需要解决的问题。这需要对各种算法模型进行深入研究和比较，并结合实际应用场景进行定制和优化。

3. 多源信息融合

在实际生产过程中，往往需要从多个来源获取监测数据，如传感器、视频监控、人员报告等。如何将这些多源信息进行融合并提取出有用的信息以提高预警准确性，是一个重要的问题。这需要研究多源信息融合的方法和技术，并构建相应的融合模型。

4. 智能化与自动化

随着人工智能技术的发展，如何将智能化和自动化技术应用于化工安全监测与预警系统中以提高系统的智能化水平和自动化程度，是一个未来的发展趋势。这包括利用人工智能技术实现自动监测、自动预警、自动决策等功能，以及利用自动化技术实现设备的自动控制和故障自动处理等功能。

化工安全监测与预警技术是保障化工生产安全的重要手段之一。通过实时监测和分析生产过程中的各种参数、利用算法和模型进行预测和预警，可以有效地发现和预防潜在的安全隐患和事故风险。然而，在实际应用中仍面临一些技术挑战和未来发展的问题需要解决。未来，随着技术的不断进步和创新、人工智能等新技术的应用和发展，相信化工安全监测与预警技术将会取得更加显著的进展和突破，为化工生产的安全提供更加可靠和有效的保障。同时我们也应该意识到任何技术都不是万能的，化工安全监测与预警技术也不例外。在应用这些技术的同时，还需要加强人员培训、完善管理制度等方面的工作，以提高化工生产的安全水平。

二、安全防护装备与设施管理

在化工生产过程中，安全防护装备与设施是保障员工安全、防止事故发生的重要手段。它们的作用是预防、减轻或消除生产过程中的危险因素，为员工提供安全的工作环境。因此，对安全防护装备与设施的管理至关重要。下面将详细探讨安全防护装备与设施的管理要求、常见问题及改进措施等方面。

（一）安全防护装备与设施的分类

安全防护装备与设施主要包括个人防护装备、安全设施和安全系统等。

1. 个人防护装备

如安全帽、防护眼镜、防护手套、防护服等，用于保护员工免受物理、化学或生物等危险因素的伤害。

2. 安全设施

如防护栏、安全网、防滑地面、应急照明等，用于改善工作环境，减少事故发生的可能性。

3. 安全系统

如火灾报警系统、安全监控系统、紧急停车系统等，用于及时发现和处理潜在的安全隐患。

（二）安全防护装备与设施的管理要求

1. 采购与验收

应选择符合国家标准和行业规范的安全防护装备与设施，确保其质量和性能满足生产需求。在采购过程中要进行严格的验收，确保产品合格。

2. 使用与维护

员工应正确使用安全防护装备与设施，了解其使用方法和注意事项。同时，应定期进行维护和保养，确保其处于良好的工作状态。

3. 检查与更新

应定期对安全防护装备与设施进行检查，发现问题及时处理。对于过期或损坏的装备与设施，应及时更新或维修。

4. 培训与指导

应为员工提供相关的培训和指导，使他们了解安全防护装备与设施的重要性，掌握正确的使用方法。

（三）安全防护装备与设施管理中的常见问题

1. 忽视安全防护装备与设施的重要性

部分企业和员工对安全防护装备与设施的重要性认识不足，存在侥幸心理，忽视其使用和维护。

2. 采购与验收不规范

在采购过程中，可能存在质量把关不严、验收不规范等问题，导致安全防护装备与设施的质量得不到保障。

3. 使用与维护不当

员工在使用安全防护装备与设施时，可能存在操作不规范、保养不到位等问题，导致其性能下降或失效。

4. 检查与更新不及时

对于安全防护装备与设施的检查和更新，可能存在不及时、不全面等问题，导致潜在的安全隐患得不到及时发现和处理。

（四）改进措施与建议

1. 加强宣传教育

通过举办安全知识讲座、制作宣传栏等方式，提高企业和员工对安全防护装备与设施重要性的认识，增强安全意识。

2. 完善采购与验收制度

制定严格的采购与验收制度，明确产品质量标准和验收程序，确保安全防护装备与设施的质量和性能满足生产需求。

3. 强化使用与维护管理

制定详细的使用与维护规范，加强员工培训和指导，确保员工正确使用和保养安全防护装备与设施。

4. 建立定期检查与更新机制

定期检查和更新安全防护装备与设施，确保其始终处于良好的工作状态。

（五）案例分析与实践经验

结合国内外化工企业的实际案例，分析安全防护装备与设施管理的重要性及改进措施的实际效果。例如，某化工企业因忽视安全防护装备与设施的管理，导致了一起重大事故，造成了严重的人员伤亡和财产损失。事故发生后，企业加强了安全防护装备与设施的管理，完善了相关制度和规范，增强了员工的安全意识和操作技能。经过一段时间的运行，企业的安全生产水平得到了显著提升，事故发生率大幅下降。

安全防护装备与设施管理是化工安全生产的重要组成部分，对于保障员工安全、预防事故发生具有重要意义。通过加强宣传教育、完善采购与验收制度、强化使用与维护管理、建立定期检查与更新机制等措施，可以有效提高安全防护装备与设施的管理水平。未来，随着科技的不断进步和创新，安全防护装备与设施将更加智能化、高效化，为化工安全生产提供更加可靠的保障。同时，我们也应认识到任何技术和制度都不是万能的，需要不断完善和创新，以适应不断变化的生产环境和安全需求。

三、化工生产现场安全管理

化工生产现场安全管理是确保化工生产过程安全、稳定、高效运行的关键环节。它涉及人员、设备、环境等多个方面的管理，要求企业建立完善的安全管理体系，增强员工的安全意识，确保生产现场的安全可控。下面将详细探讨化工生产现场安全管理的重要性、主要任务、常见问题及改进措施等方面。

（一）化工生产现场安全管理的重要性

化工生产现场安全管理的重要性不言而喻。化工生产涉及大量的危险化学品和高温高压等危险因素，一旦发生事故，后果往往十分严重，甚至可能威胁到人们的生命安全。化工生产是企业的重要经济活动，一旦发生事故，不仅会造成人员伤亡和财产损失，还会影响企业的正常生产和经济效益。因此，加强化工生产现场安全管理，确保生产过程的安全稳定，对于保障员工生命安全、维护企业经济效益、促进可持续发展具有重要意义。

（二）化工生产现场安全管理的主要任务

化工生产现场安全管理的主要任务包括以下几个方面：

1. 制定安全管理制度和操作规范

企业应制定完善的安全管理制度和操作规范，明确各级人员的职责和权限，规范员工的行为，确保生产现场的安全可控。

2. 开展安全教育培训

企业应定期开展安全教育培训，增强员工的安全意识和操作技能，使员工了解危险因素、掌握预防措施、熟悉应急预案。

3. 实施安全检查与隐患排查

企业应定期对生产现场进行安全检查与隐患排查，及时发现和整改安全隐患，确保生产设备的正常运行和作业环境的安全。

4. 加强应急管理

企业应建立完善的应急管理体系，制定应急预案并定期组织演练，提高应对突发事件的能力。

（三）化工生产现场安全管理的常见问题

在化工生产现场安全管理过程中，常见的问题包括：

1. 安全管理制度不完善

部分企业的安全管理制度存在漏洞和不足，导致员工在操作过程中缺乏明确的指导和规范。

2. 安全教育培训不到位

部分员工缺乏必要的安全教育培训，对危险因素和预防措施了解不足，容易引发事故。

3. 安全检查与隐患排查不彻底

部分企业在安全检查与隐患排查过程中存在敷衍了事、走过场的现象，导致安全隐患得不到及时整改。

4. 应急管理不到位

部分企业的应急管理体系不完善，应急预案缺乏针对性和可操作性，导致在应对突发事件时反应迟缓、处置不力。

（四）改进措施与建议

针对化工生产现场安全管理中存在的问题，提出以下改进措施与建议：

1. 完善安全管理制度和操作规程

企业应定期对安全管理制度和操作规程进行修订和完善，确保制度的科学性和有效性。同时，加大制度的宣传和执行力度，确保各级人员严格遵守制度规定。

2. 加强安全教育培训

企业应制订详细的安全教育培训计划，确保员工接受全面、系统的安全教育培训。同时，加强员工的安全意识培养，提高员工自我保护和风险防范能力。

3. 强化安全检查与隐患排查

企业应建立健全安全检查与隐患排查机制，明确检查频次、内容和标准。加强检查人员的培训和考核，确保检查过程认真细致、不留死角。对于发现的安全隐患，要立即整改并跟踪整改效果，确保问题得到彻底解决。

4. 加强应急管理

企业应建立完善的应急管理体系，制定针对性强、可操作性高的应急预案。加强应急演练和培训，提高员工应对突发事件的能力和水平。同时，加强与政府、社会救援力量等外部资源的沟通协调，确保在突发事件发生时能够及时获得支持和帮助。

（五）案例分析与实践经验

结合国内外化工企业的实际案例，分析化工生产现场安全管理的重要性和改进措施的实际效果。例如，某化工企业因安全管理制度不完善、安全教育培训不到位等原因导致了一起重大事故。事故后，企业深刻反思并加强了安全管理制度建设、安全教育培训和安全检查与隐患排查等工作。经过一段时间的运行，企业的安全生产水平得到了显著提升，事故发生率大幅下降。

化工生产现场安全管理是确保化工生产过程安全稳定、高效运行的关键环节。通过完善安全管理制度和操作规程、加强安全教育培训、强化安全检查与隐患排查以及加强应急管理等措施，可以有效提高化工生产现场的安全管理水平。未来，随着科技的不断进步和创新，化工生产现场安全管理将更加智能化、高效化。同时，我们也应认识到任何技术和制度都不是万能的，需要不断完善和创新，以适应不断变化的生产环境和安全需求。因此，化工企业应持续关注安全生产动态和技术发展趋势，不断提高自身的安全生产能力和水平。

四、安全检查与评估技术

在化工生产过程中，安全检查与评估技术是确保生产安全、预防事故的重要手段。通过对生产设施、设备、工艺和操作过程进行全面、系统的检查和评估，可以及时发现潜在的安全隐患，采取有效的整改措施，保障生产的安全稳定运行。下面将详细介绍安全检查与评估技术的基本概念、目的、方法和实际应用。

（一）安全检查与评估技术的基本概念

安全检查与评估技术是指通过对化工生产过程中的各个环节进行全面、系统的检查和评估，以发现潜在的安全隐患，提出改进措施，提高生产安全水平的一种技术手段。安全检查与评估技术涉及的内容广泛，包括设备安全、工艺安全、操作安全等方面。

（二）安全检查与评估的目的

安全检查与评估的主要目的在于：
发现潜在的安全隐患，预防事故的发生；
评估现有安全管理体系的有效性，提出改进建议；
增强员工的安全意识和操作技能，增强企业的安全生产能力；
为企业制订安全生产计划提供科学依据。

（三）安全检查与评估的方法

安全检查与评估的方法多种多样，常见的包括以下几种：

1. 日常检查

通过日常巡检、岗位自查等方式，对生产设备、工艺参数、操作行为等进行检查，确保生产过程中的安全。

2. 专项检查

针对特定的设备、工艺或操作环节，进行深入细致的检查，以发现潜在的安全隐患。

3. 定期评估

按照一定的时间间隔，对生产过程中的各个环节进行全面、系统的评估，以评估生产安全水平。

4. 风险评估

通过对生产过程中可能面临的风险进行识别、分析和评价，确定风险等级，制定相应的风险控制措施。

5. 专家评审

邀请行业专家对生产过程进行评审，提出改进建议，提高生产安全水平。

（四）安全检查与评估的实施步骤

安全检查与评估的实施步骤一般包括以下几个阶段：

1. 准备阶段

明确检查与评估的目的、范围、方法和人员，制订详细的检查与评估计划。

2. 实施阶段

按照检查与评估计划，对生产过程中的各个环节进行检查与评估，记录检查结果。

3. 分析阶段

对检查结果进行深入分析，识别潜在的安全隐患和风险点，评估其对生产安全的影响程度。

4. 整改阶段

针对发现的安全隐患和风险点，制定整改措施和时间表，明确责任人，确保整改到位。

5. 总结阶段

对检查与评估过程进行总结，形成书面报告，提出改进建议，为今后的安全生产工作提供参考。

（五）安全检查与评估的实际应用

安全检查与评估技术在化工生产过程中具有广泛的应用。例如，在化工设备的日常维护和保养中，可以通过日常检查发现设备的磨损、腐蚀等问题，及时进行维修和更换，避免设备故障引发的安全事故。在化工工艺的生产过程中，可以通过专项检查和定期评估，对工艺参数、操作条件等进行检查和评估，确保工艺的稳定性和安全性。同时，风险评估和专家评审等方法也可以为企业的安全生产提供有力的支持。

尽管安全检查与评估技术在化工生产过程中发挥着重要作用，但仍面临一些挑战。例如，如何确保检查的全面性和准确性、如何增强员工的参与度和安全意识、如何有效利用检查结果进行改进等。未来，随着技术的不断进步和创新，安全检查与评估技术将更加智能化、自动化和精准化。例如，可以利用人工智能、大数据等技术手段对检查结果进行深入分析和挖掘，发现更多潜在的安全隐患和风险点。同时，也可以探索更加有效的员工培训和激励机制，增强员工的安全意识和操作技能。

安全检查与评估技术是化工生产过程中保障生产安全、预防事故的重要手段。通过全面、系统检查和评估，可以及时发现潜在的安全隐患和风险点，采取有效的整改措施，提高生产安全水平。未来，应继续加强安全检查与评估技术的研究和应用，不断提高其准确性和有效性，为化工生产的安全稳定运行提供有力保障。

第二节　化工安全技术装备的采购与安装

一、安全技术装备的创新与应用

随着科技的不断发展，安全技术装备在化工生产中的应用日益广泛。安全技术装备的创新不仅提高了化工生产的安全性，还提升了生产效率和质量。下面将详细探讨安全技术装备的创新、应用及其带来的影响，分析当前的安全技术装备发展趋势，并展望未来的发展方向。

（一）安全技术装备的创新

安全技术装备的创新主要体现在以下几个方面：

1. 智能化与安全控制系统

随着人工智能和机器学习技术的发展，智能化安全控制系统已成为安全技术装备的重要组成部分。这些系统能够实时监控生产过程中的各种参数，预测潜在的安全风险，并自动采取相应措施，确保生产安全。

2. 远程监控与诊断技术

远程监控与诊断技术的应用使得企业可以实时了解生产现场的情况，及时发现并解决问题。通过远程监控，企业可以在第一时间获取设备的运行状态和故障信息，提高维修效率，减少事故发生的可能性。

3. 新型防护材料与技术

新型防护材料和技术的研发为化工生产提供了更加安全可靠的保障。例如，耐高温、耐腐蚀的材料能够有效减少设备损坏和泄漏的风险，提高生产过程的稳定性。

4. 虚拟现实与仿真技术

虚拟现实和仿真技术的应用使得企业可以在虚拟环境中模拟生产过程，评估潜在的安全风险，优化生产方案。这种技术不仅提高了安全评估的准确性，还降低了实际生产过程中的事故发生率。

（二）安全技术装备的应用

安全技术装备在化工生产中的应用主要体现在以下几个方面：

1. 事故预防与应急救援

安全技术装备的应用可以有效预防事故的发生。例如，安全监控系统和预警装置可以及时发现异常情况并发出警报，提醒操作人员采取相应措施。同时，应急救援设备的配备也可以在事故发生时迅速进行救援，减少人员伤亡和财产损失。

2. 生产过程优化

安全技术装备的应用还可以优化生产过程，提高生产效率和产品质量。例如，智能化控制系统可以根据实时数据调整生产参数，确保生产过程的稳定性和连续性。同时，新型防护材料和技术的使用也可以减少设备损坏和维修频率，降低生产成本。

3. 员工安全与培训

安全技术装备还可以增强员工的安全意识和操作技能。例如，虚拟现实和仿真技术可以用于员工的安全培训，让员工在虚拟环境中模拟实际操作过程，提高应对突发情况的能力。这种培训方式不仅安全有效，还可以提高员工的参与度和学习兴趣。

（三）安全技术装备的影响与趋势

安全技术装备的创新与应用对化工生产产生了深远的影响。首先，它提高了化工生产的安全性，降低了事故发生的可能性。其次，它优化了生产过程，提高了生产效率和产品质量。最后，它促进了员工的安全意识和操作技能的提升，为企业培养了一支高素质的安全生产队伍。

未来的安全技术装备的发展趋势将更加明显。一方面，随着科技的不断进步，安全技术装备将更加智能化、自动化和精准化。另一方面，随着环保要求的不断提高，安全技术装备将更加注重环保和可持续发展。除此之外，随着数字化和互联网技术的普及，安全技术装备的远程监控和数据分析能力也将得到进一步提升。

安全技术装备的创新与应用对于提高化工生产的安全性、效率和质量具有重要意义。未来，随着科技的不断发展和环保要求的不断提高，安全技术装备将更加智能化、自动化和精准化，为化工生产提供更加全面、高效和可靠的保障。同时，我们也需要不断关注安全技术装备的发展趋势和挑战，加大研发和创新力度，推动安全技术装备的不断进步和发展。

二、安全技术装备的选型与采购管理

安全技术装备是化工企业确保生产安全、降低事故风险的重要工具。选型与采购管理是安全技术装备应用过程中的关键环节，直接关系到企业的生产安全和经济效益。下面将详细探讨安全技术装备的选型原则、采购流程、供应商选择及后续管理等方面，旨在为企业提供一套科学、有效的安全技术装备选型与采购管理方案。

（一）安全技术装备选型原则

在选型安全技术装备时，应遵循以下原则：

1. 安全性原则

首要考虑的是装备的安全性能，确保所选装备能够有效预防和控制生产过程中的安全风险。

2. 适应性原则

所选装备应适应企业的生产环境、工艺流程及安全需求，避免盲目追求高性能或低成本。

3. 先进性原则

优先选择技术先进、性能稳定、操作简便的装备，以提高生产效率、降低维护成本。

4. 经济性原则

在满足安全性和适应性的前提下，应充分考虑装备的成本，避免过度投资。

5. 可靠性原则

所选装备应具有良好的质量和售后服务，确保长期稳定运行。

（二）安全技术装备采购流程

安全技术装备的采购流程一般包括以下几个步骤：

1. 需求分析

明确企业的安全需求和装备的功能要求，形成采购需求清单。

2. 市场调研

收集相关信息，了解市场上的安全技术装备及其性能、价格等情况。

3. 供应商筛选

根据调研结果，筛选出符合需求的供应商，并邀请其提供报价和方案。

4. 方案评估

组织专家对供应商的报价和方案进行评估，综合考虑安全性、适应性、先进性、经济性和可靠性等因素。

5. 商务谈判

与选定的供应商进行商务谈判，确定最终的合作条款和价格。

6. 合同签订

签订正式的采购合同，明确双方的权利和义务。

7. 装备验收

按照合同约定的标准对采购的装备进行验收，确保质量符合要求。

8. 后续管理

建立安全技术装备档案，制定维护和保养计划，定期进行检查和维修。

（三）供应商选择与管理

在安全技术装备采购过程中，供应商的选择与管理至关重要。以下是一些建议：

1. 资质审查

审查供应商的资质证书、业绩和信誉等方面的情况，确保其具备供应安全技术装备的能力和条件。

2. 产品质量

要求供应商提供样品或进行实地考察，评估其产品质量和性能是否满足企业需求。

3. 服务水平

考察供应商的售后服务体系和能力，确保在使用过程中能够得到及时、有效的技术支持和维护服务。

4. 价格与成本

比较不同供应商的价格和成本，综合考虑性价比和长期合作成本等因素。

5. 合作历史

了解供应商与其他企业的合作历史和评价，避免选择有不良记录或信誉不佳的供应商。

（四）安全技术装备后续管理

安全技术装备采购后，还应加强后续管理，确保其长期稳定运行。具体措施包括：

1. 建立档案

为每台安全技术装备建立详细的档案，记录其安装、调试、验收、维护等信息。

2. 定期检查

按照规定的周期对安全技术装备进行检查和维护，确保其处于良好的工作状态。

3. 维护保养

制订维护保养计划，定期对装备进行清洁、润滑、紧固等操作，延长其使用寿命。

4. 维修与更换

对出现故障或损坏的安全技术装备及时进行维修或更换，确保生产安全不受影响。

5. 培训与操作

加强员工对安全技术装备的培训和操作指导，增强其使用技能和安全意识。

安全技术装备的选型与采购管理是化工企业保障生产安全、提高经济效益的重要环节。通过遵循选型原则、规范采购流程、严格进行供应商选择与管理以及加强后续管理等措施，可以确保安全技术装备的有效性和可靠性。未来，随着科技的不断进步和市场环境的不断变化，安全技术装备的选型与采购管理将面临新的挑战。因此，企业应持续关注市场动态和技术发展趋势，不断优化选型与采购管理流程，提高采购决策的科学性和准确性。同时，还应加强与供应商的合作与沟通，建立长期稳定的合作关系，共同推动安全技术装备的创新与发展。

三、安全技术装备的安装、调试与维护

安全技术装备是化工企业确保生产安全、降低事故风险的重要工具。在安全技术装备的生命周期中，安装、调试与维护是确保其正常运行和发挥预期功能的关键环节。下面将详细探讨安全技术装备的安装、调试与维护的重要性、步骤、注意事项及常见问题与处理方法，旨在为企业提供一套科学、有效的安全技术装备安装、调试与维护的管理方案。

（一）安全技术装备安装的重要性与步骤

安全技术装备的安装是其正常运行的起点，安装质量直接关系到后续的使用效果和安全性。因此，应重视安全技术装备的安装工作，确保其按照相关标准和规范进行。

安装前准备：在安装前，应对安装环境进行评估，确保满足装备的安装要求。同时，准备好所需的安装工具、材料和人员，制订详细的安装计划。

安装过程：按照装备的安装说明书和相关标准，进行安装工作。在安装过程中，应注意安装顺序、紧固件的松紧度、连接管路的密封性等关键要素，确保安装质量。

安装后检查：安装完成后，应对装备进行全面检查，包括外观、连接部件、电气线路等，确保安装无误。同时，进行必要的性能测试，验证装备是否满足设计要求。

（二）安全技术装备调试的重要性与步骤

调试是安全技术装备安装后的重要环节，通过调试可以验证装备的性能和参数设置是否正确，确保其在实际使用中能够发挥预期的功能。

调试前准备：在调试前，应熟悉装备的操作说明书和调试要求，准备好所需的调试工具和材料。同时，确保装备已正确安装并连接好所有相关部件。

调试过程：按照装备的调试步骤和要求，逐步进行调试工作。在调试过程中，应注意观察装备的运行状态、参数变化和异常情况等，及时记录并处理问题。

调试后验证：调试完成后，应对装备进行全面验证，包括功能测试、性能测试和安全性能测试等。确保装备在实际使用中能够稳定、可靠运行。

（三）安全技术装备维护的重要性与措施

安全技术装备的维护是确保其长期稳定运行的关键措施。通过定期维护可以及时发现并处理潜在问题，延长装备的使用寿命和提高其安全性。

日常维护：日常维护包括清洁、紧固、润滑等操作，应定期进行。通过日常维护可以保持装备的清洁和良好状态，减少故障发生的可能性。

定期检查：定期检查是对装备进行全面检查的过程，包括外观、结构、电气线路等各个方面。通过定期检查可以及时发现潜在问题并进行处理，避免问题扩大化。

故障处理：当装备出现故障时，应及时进行处理。在处理故障时，应遵循相关标

准和规范，确保处理过程的安全性和有效性。同时，记录故障处理过程和结果，为后续维护提供参考。

（四）常见问题与处理方法

在安全技术装备的安装、调试与维护过程中，常见一些问题如安装不规范、调试参数不准确、维护不到位等。针对这些问题，可以采取以下处理方法：

加强培训与教育：提高安装、调试与维护人员的技能水平和责任意识，确保他们能够按照相关标准和规范进行操作。

制定详细的操作规范：制定详细的安装、调试与维护操作规范，明确各项操作步骤和要求，确保操作过程的准确性和安全性。

加强沟通与协作：在安装、调试与维护过程中，加强各部门之间的沟通与协作，确保信息畅通和问题及时解决。

建立完善的维护体系：建立完善的维护体系，包括定期维护计划、故障处理流程等，确保安全技术装备的长期稳定运行。

安全技术装备的安装、调试与维护是确保其正常运行和发挥预期功能的关键环节。通过加强安装前的准备、调试过程的控制及维护措施的实施，可以确保安全技术装备的安全性和稳定性。未来，随着科技的不断进步和化工生产的不断发展，安全技术装备的安装、调试与维护将面临新的挑战。因此，企业应持续关注市场动态和技术发展趋势，不断优化安装、调试与维护管理流程，提高安全技术装备的使用效果和安全性。

四、安全技术装备的性能测试与评估

安全技术装备的性能测试与评估是确保其在实际应用中能够有效发挥作用的重要环节。通过对安全技术装备进行性能测试和评估，可以全面了解其性能表现、安全性和可靠性等方面的情况，从而为企业的安全生产提供有力保障。下面将详细探讨安全技术装备性能测试与评估的重要性、方法、步骤及评估结果的应用，旨在为企业提供一套科学、有效的安全技术装备性能测试与评估方案。

（一）性能测试与评估的重要性

性能测试与评估对于安全技术装备的重要性主要体现在以下几个方面：

1. 验证性能指标

通过性能测试，可以验证安全技术装备的性能指标是否符合设计要求和技术标准，从而确保其在实际应用中能够满足企业的安全需求。

2. 发现潜在问题

性能测试与评估能够发现安全技术装备在设计和制造过程中可能存在的潜在问题，为改进和完善装备提供依据。

3. 优化使用和维护

通过了解安全技术装备的性能特点和运行规律，可以优化其使用和维护方案，提高装备的使用效率和延长其使用寿命。

4. 为决策提供依据

性能测试与评估结果可以为企业在安全技术装备选型、采购、使用和维护等方面的决策提供科学依据。

（二）性能测试的方法与步骤

安全技术装备的性能测试主要包括功能测试、性能测试、安全性能测试等方面。下面将详细介绍这些测试的方法与步骤：

1. 功能测试

目的：验证安全技术装备的各项功能是否正常、符合设计要求。

步骤：按照装备的操作说明书和测试大纲，逐一测试各项功能，记录测试结果。

注意事项：确保测试环境符合要求，测试过程中注意操作规范和安全。

2. 性能测试

目的：评估安全技术装备的性能指标，如响应时间、精度、稳定性等。

步骤：根据装备的性能指标要求，制定测试方案，使用专业测试工具和设备进行测试，收集和分析测试数据。

注意事项：确保测试设备的准确性和可靠性，测试过程中注意避免干扰因素。

3. 安全性能测试

目的：评估安全技术装备在异常情况下的安全性能。

步骤：模拟过载、短路等异常情况，对装备进行安全性能测试，观察并记录装备的反应和表现。

注意事项：确保测试过程的安全性，采取必要的防护措施，避免事故发生。

（三）性能评估的标准与指标

在进行安全技术装备的性能评估时，需要参考相关标准和指标来全面评估其性能表现。常用的评估标准和指标包括：

1. 国家标准和行业标准

参考国家和行业制定的相关标准，评估安全技术装备的性能是否符合要求。

2. 性能指标

根据安全技术装备的设计要求和技术规格书，评估其性能指标是否达标。

3. 安全性能

评估安全技术装备在异常情况下的安全性能表现，如抗干扰素质、故障自诊断能力等。

4. 可靠性和稳定性

评估安全技术装备的可靠性和稳定性表现，如故障率、维修周期等。

（四）评估结果的应用

性能测试与评估结果的应用是性能测试与评估工作的重要环节。评估结果可以用于以下几个方面：

1. 优化装备使用和维护

根据评估结果，优化安全技术装备的使用和维护方案，提高装备的使用效率和延长其使用寿命。

2. 改进装备设计

将评估结果反馈给装备制造商，为其改进和完善装备设计提供依据。

3. 为决策提供依据

评估结果可以为企业在安全技术装备选型、采购、使用和维护等方面的决策提供科学依据。

（五）案例分析与实践经验

下面将通过几个实际案例来分析安全技术装备性能测试与评估的实践经验和教训。这些案例将涵盖不同类型和用途的安全技术装备，旨在为企业提供宝贵的参考和借鉴。

安全技术装备的性能测试与评估是确保其在实际应用中能够有效发挥作用的关键环节。通过科学、有效的性能测试与评估方案，可以全面了解安全技术装备的性能表现、安全性和可靠性等方面的情况，为企业的安全生产提供有力保障。未来，随着科技的不断进步和化工生产的不断发展，安全技术装备的性能测试与评估将面临新的挑战。因此，企业应持续关注市场动态和技术发展趋势，不断优化性能测试与评估管理流程，提高安全技术装备的使用效果和安全性。

五、安全技术装备的报废与处置管理

安全技术装备在企业安全生产中扮演着至关重要的角色。然而，随着技术的不断进步和设备的老化，部分安全技术装备可能面临报废和处置的问题。安全性、环保性和合规性是在进行报废与处置时必须考虑的关键因素。下面将详细探讨安全技术装备报废的标准与程序、处置的方法与要求及报废与处置过程中的注意事项，为企业提供一套科学、有效的安全技术装备报废与处置管理方案。

（一）报废的标准与程序

1. 报废标准

安全技术装备的报废标准通常包括设备性能衰退、技术落后、维修成本过高、安全隐患等方面。企业应结合实际情况，制定明确的报废标准，以确保报废工作的科学性和合理性。

2. 报废程序

报废程序包括评估、审批、处置等步骤。应对安全技术装备进行全面评估，确定其是否符合报废标准。然后，经过相关部门审批后，方可进行报废处置。在报废过程中，应严格遵守相关法律法规和企业规定，确保报废工作的合法性和规范性。

(二) 处置的方法与要求

1. 处置方法

安全技术装备的处置方法主要包括出售、拆解、回收等。企业应根据设备类型、价值、环保要求等因素选择合适的处置方法。同时，在处置过程中，应遵守相关法律法规和企业规定，确保处置工作的合法性和环保性。

2. 处置要求

处置安全技术装备时，应确保设备的安全性、环保性和合规性。在拆解、回收等过程中，应采取必要的防护措施，防止设备损坏或泄漏有害物质。同时，应确保处置工作的合规性，遵守相关法律法规和企业规定。

(三) 报废与处置过程中的注意事项

1. 安全事项

在报废与处置过程中，应确保人员和设备的安全。对于可能存在安全隐患的设备，应采取必要的预防措施，如佩戴防护用品、设置警戒线等。同时，应遵守相关操作规程和安全标准，确保报废与处置工作的顺利进行。

2. 环保要求

报废与处置过程中应关注环保问题。对于可能产生环境污染的设备，应采取环保措施，如减少废弃物排放、合理处理废旧部件等。同时，应遵守相关环保法规和标准，确保报废与处置工作的环保性。

3. 合规性要求

报废与处置工作应符合相关法律法规和企业规定。企业应建立完善的报废与处置管理制度和流程，明确各部门和人员的职责和权限。同时，应加强与相关部门的沟通和协作，确保报废与处置工作的合规性和顺利进行。

安全技术装备的报废与处置管理是企业安全生产的重要环节。通过制定明确的报废标准与程序、选择合适的处置方法、遵守相关法律法规和企业规定以及关注安全和环保问题等方面的努力，可以确保安全技术装备的报废与处置工作的科学性和有效性。未来，随着技术的不断进步和环保要求的提高，安全技术装备的报废与处置管理将面临新的挑战。因此，企业应持续关注市场动态和技术发展趋势，不断优化报废与处置管理流程和方法，为企业的安全生产和可持续发展贡献力量。

第三节　化工安全技术装备的发展趋势

一、安全技术装备的管理体系与标准化建设

安全技术装备的管理体系与标准化建设是确保企业安全生产的重要手段。通过建立完善的管理体系和推动标准化建设，可以提高安全技术装备的管理效率、降低安全风险，并促进企业的可持续发展。下面将详细探讨安全技术装备管理体系的构建、标准化建设的实施方法及管理体系与标准化建设的互动关系，为企业提供一套科学、有效的安全技术装备管理体系与标准化建设方案。

（一）安全技术装备管理体系的构建

1. 管理体系框架

安全技术装备管理体系应以企业安全生产目标为导向，构建包括装备采购、使用、维护、报废等全过程的管理体系框架。通过明确各部门和人员的职责和权限，确保管理体系的高效运行。

2. 管理流程优化

针对安全技术装备管理的各个环节，应制定详细的管理流程和操作规范。通过流程优化，提高工作效率，减少管理漏洞，确保安全技术装备的有效管理。

3. 信息化建设

利用现代信息技术手段，建立安全技术装备管理信息系统，实现装备信息的实时更新、查询和分析。通过信息化建设，提高管理效率，降低管理成本。

（二）标准化建设的实施方法

1. 标准制定

结合企业实际情况和国家、行业标准，制定安全技术装备的管理标准、操作规范和技术要求。通过标准制定，统一管理要求，提高管理水平。

2. 标准宣传与培训

通过组织标准宣传和培训活动，提高全体员工对安全技术装备标准化建设的认识和重视程度。确保员工能够按照标准要求开展工作，提高工作质量和效率。

3. 标准执行与监督

建立标准执行与监督机制，确保各项标准得到有效执行。通过定期检查、评估和反馈，及时发现问题并采取相应措施进行改进。

（三）管理体系与标准化建设的互动关系

管理体系与标准化建设是相互促进、相辅相成的。管理体系的构建为标准化建设

提供了基础和支持，而标准化建设则推动管理体系的不断完善和优化。通过管理体系与标准化建设的有机结合，可以形成一套科学、高效的安全技术装备管理体系，为企业的安全生产提供有力保障。

安全技术装备的管理体系与标准化建设是确保企业安全生产的重要手段。通过构建完善的管理体系、推动标准化建设以及加强两者的互动关系，可以提高安全技术装备的管理效率、降低安全风险，并促进企业的可持续发展。未来，随着技术的不断进步和安全生产要求的提高，安全技术装备的管理体系与标准化建设将面临新的挑战。因此，企业应持续关注市场动态和技术发展趋势，不断优化管理体系和标准化建设方案，为企业的安全生产和可持续发展贡献力量。

二、安全技术装备的研发与推广应用

安全技术装备的研发与推广应用对于提升企业的安全生产水平和保障员工的生命安全具有重要意义。随着科技的不断进步和创新，安全技术装备的研发也在不断发展，为企业提供了更加先进、高效的安全保障手段。然而，如何将研发成果转化为实际应用，并广泛推广，是当前面临的重要问题。下面将探讨安全技术装备的研发流程、推广应用的策略与方法，以及面临的挑战与对策，为企业在安全技术装备的研发与推广应用方面提供指导。

（一）安全技术装备的研发流程

1. 需求分析与市场调研
明确安全技术装备的研发目标和应用场景，通过市场调研了解行业需求和竞争态势，为研发提供方向和指导。

2. 技术研究与开发
依托科研机构、高校等研发力量，进行安全技术装备的关键技术研究与开发，包括设计、制造、测试等环节。

3. 原型机制作与试验验证
根据技术研发成果，制作原型机并进行试验验证，评估装备的性能、稳定性和安全性。

4. 产品优化与改进
根据试验验证结果，对原型机进行优化和改进，提高装备的性能和可靠性。

（二）安全技术装备的推广应用策略与方法

1. 政策引导与支持
政府应出台相关政策，鼓励企业加大安全技术装备的研发与推广投入，提供资金支持、税收优惠等政策支持。

2. 产学研合作

加强产学研合作，推动科研机构、高校与企业之间的紧密合作，共同推进安全技术装备的研发与推广应用。

3. 示范工程与案例推广

在重点行业、关键领域开展安全技术装备的示范工程，通过案例推广，展示装备的应用效果和优势，提高用户的认知意识和接受度。

4. 培训与技术支持

加强安全技术装备的培训和技术支持，提高用户的使用技能和维护能力，确保装备的正常运行和发挥效能。

（三）面临的挑战与对策

1. 技术瓶颈与创新不足

针对技术瓶颈和创新不足的问题，应加强技术研发和创新能力的培养，加大科研投入，引进优秀人才，提高研发水平。

2. 市场推广难度

针对市场推广难度大的问题，应制定具体的市场推广策略，加大市场宣传和推广力度，提高用户对安全技术装备的认知度和接受度。

3. 成本与价格问题

针对成本和价格问题，应通过技术创新和产业升级降低成本，提高产品性价比，同时寻求政府支持和市场合作，推动装备的广泛应用。

安全技术装备的研发与推广应用是提升企业安全生产水平和保障员工生命安全的重要手段。通过明确研发流程、制定推广应用策略与方法及应对挑战，可以推动安全技术装备的研发成果转化为实际应用，并广泛推广。未来，随着科技的不断进步和创新，安全技术装备的研发与推广应用将面临新的机遇。因此，企业应持续关注市场需求和技术发展趋势，不断优化研发流程和推广策略，为企业的安全生产和可持续发展贡献力量。

三、安全技术装备的未来发展趋势与挑战

随着科技的飞速发展和工业生产的不断进步，安全技术装备在保障企业安全生产和员工生命安全方面发挥着越来越重要的作用。面对未来，安全技术装备将如何发展？又将面临哪些挑战？下面将探讨安全技术装备的未来发展趋势，分析其面临的挑战，并为企业如何应对这些挑战提供建议。

（一）安全技术装备的未来发展趋势

1. 智能化与自动化

未来安全技术装备将更加注重智能化和自动化技术的应用。通过引入人工智能、

机器学习等技术，安全技术装备将能够实现更加精准的监测、预警和防控，提高安全管理的智能化水平。

2. 集成化与系统化

安全技术装备将朝着集成化和系统化的方向发展。通过将不同的安全技术装备进行集成和整合，构建统一的安全管理系统，实现信息共享和协同作业，提高安全管理的整体效能。

3. 绿色环保与可持续发展

随着环保意识的日益增强，安全技术装备将更加注重绿色环保和可持续发展。通过采用环保材料和节能技术，降低装备运行过程中的能耗和排放，减少对环境的影响。

4. 定制化与个性化

未来安全技术装备将更加注重定制化和个性化的需求。根据不同行业和企业的特点，提供个性化的安全解决方案，满足企业多样化的安全需求。

（二）安全技术装备面临的挑战

1. 技术更新换代的压力

随着科技的不断进步，安全技术装备需要不断更新换代，以适应新的安全需求和挑战。然而，技术更新换代需要投入大量的资金和人力，对企业有一定的压力。

2. 法规与标准的不断完善

随着安全法规和标准的不断完善，安全技术装备需要符合更高的标准和要求。企业需要密切关注法规动态，及时调整和完善安全技术装备，以确保合规性。

3. 人才短缺与培养

安全技术装备的研发、应用和维护需要专业的人才支持。然而，目前安全技术领域的人才短缺问题较为突出。

4. 安全与效率的平衡

在追求安全的同时，企业还需要关注生产效率和经济效益。如何在保障安全的前提下提高生产效率，是安全技术装备面临的重要挑战。

（三）应对挑战的策略与建议

1. 加大研发投入

企业应加大对安全技术装备研发的投入，推动技术创新和升级换代，提高装备的性能和可靠性。

2. 完善法规与标准体系

政府和企业应共同完善安全法规和标准体系，提高安全技术装备的合规性和可靠性。

3. 加强人才培养与引进

企业应重视安全技术人才的培养和引进，提高技术团队的综合素质和创新能力。

4. 优化安全管理流程

企业应优化安全管理流程，实现安全技术装备与生产管理流程的深度融合，提高安全管理的效率和效果。

安全技术装备的未来发展趋势将更加智能化、集成化、绿色环保和个性化。然而，面临技术更新换代、法规与标准完善、人才短缺等挑战，企业需要通过加大研发投入、完善法规与标准体系、加强人才培养与引进、优化安全管理流程等策略来应对。随着科技的不断进步和安全生产需求的不断提高，安全技术装备将在保障企业安全生产和员工生命安全方面发挥更加重要的作用。企业应积极关注安全技术装备的发展趋势和挑战，不断提高自身的安全管理水平和技术创新能力，为企业的可持续发展贡献力量。

第八章　化工生产中的职业健康管理

化工生产中的职业健康管理是保障员工身体健康的重要措施。企业需要建立完善的职业健康管理制度，加强员工的职业健康培训，提高员工的职业健康意识和自我保护能力。

第一节　职业健康管理的意义与内容

一、职业健康管理的意义

化工生产作为国民经济的重要支柱，为社会的发展做出了巨大贡献。然而，这一行业的员工也因行业特殊性而面临着诸多职业健康风险。职业健康管理，旨在保护化工生产员工的身心健康，降低职业病发病率，提高生产效率，实现企业的可持续发展。因此，职业健康管理在化工生产中具有重要意义。

1. 职业健康管理有助于保障员工的生命安全和身体健康

化工生产过程中，员工长期接触各种有毒有害物质，易受到化学性、物理性和生物性等因素的侵害。通过实施职业健康管理，可以有效预防和控制职业病的发生，降低员工的健康风险。

2. 职业健康管理有助于提高企业的生产效率和经济效益

一个健康的员工队伍是企业稳定发展的基础。通过职业健康管理，可以及时发现和解决员工健康问题，减少因健康问题导致的生产中断和事故损失，从而提高企业的生产效率和经济效益。

3. 职业健康管理还有助于提升企业的社会形象和竞争力

一个重视职业健康管理的企业，能够向员工和社会传递出关爱员工、注重社会责任的积极形象，从而赢得员工的忠诚和社会的认可。同时，职业健康管理也是企业提升竞争力的重要手段，通过提高员工健康水平，增强企业的凝聚力和向心力，为企业的长远发展奠定坚实基础。

二、职业健康管理的内容

职业健康管理涵盖多个方面的内容，旨在全面保障员工的职业健康。具体来说，职业健康管理的内容包括以下几个方面：

（一）职业健康监测与评估

职业健康监测与评估是职业健康管理的基础工作。通过对员工进行定期的健康检查，及时发现和评估员工的健康状况，为制定个性化的健康管理措施提供依据。同时，对工作环境和条件进行监测和评估，了解潜在的职业健康风险，为制定有效的预防措施提供数据支持。

（二）职业健康教育与培训

职业健康教育与培训是提高员工职业健康意识和技能的重要途径。通过开展针对性的职业健康教育和培训活动，使员工了解职业病的危害和预防措施，掌握正确的操作方法和个人防护技能，提高自我防护能力。

（三）职业病预防与控制

职业病预防与控制是职业健康管理的核心任务。通过采取工程技术措施、个体防护措施和组织管理措施等综合手段，降低职业病发病率。同时，建立健全职业病报告和统计制度，及时发现和处理职业病问题，保障员工的健康权益。

（四）应急管理与救援

应急管理与救援是职业健康管理的重要组成部分。通过制定应急预案和救援措施，加强应急演练和培训，提高员工应对突发职业健康事件的能力。在发生职业健康事故时，能够迅速启动应急机制，有效控制事态发展，减轻事故对员工健康和企业的影响。

职业健康管理在化工生产中具有重要意义。通过实施职业健康管理，可以保障员工的身心健康，提高企业的生产效率和经济效益，同时也有助于提升企业的社会形象和竞争力。因此，化工企业应高度重视职业健康管理工作，不断完善和优化管理体系，为员工的健康和企业的可持续发展提供有力保障。

第二节　化工生产中的职业危害因素识别与评估

化工生产作为国民经济的重要支柱，其发展对社会的进步具有不可替代的作用。然而，在化工生产过程中，由于涉及众多有毒、有害、易燃、易爆的物质，职业危害因素也随之产生。因此，对化工生产中的职业危害因素进行准确识别与评估，对于保障工人健康、提高生产效率、维护社会稳定具有重要意义。

一、化工生产中的职业危害因素识别

化工生产中的职业危害因素种类繁多，主要包括化学因素、物理因素和生物因素

等。这些因素可能对员工的身体健康造成不同程度的损害，甚至危及生命。

（一）化学因素

化学因素是化工生产中最为常见的职业危害因素，主要包括有毒物质、腐蚀性物质、粉尘等。这些物质在生产过程中可能通过吸入、食入、皮肤接触等途径进入人体，引起中毒、腐蚀、过敏反应等危害。例如，某些有机溶剂具有挥发性，长期接触可能导致神经系统损伤；某些重金属离子具有毒性，摄入后可能导致器官功能衰竭。

（二）物理因素

物理因素主要包括噪声、振动、高温、低温、电磁辐射等。这些因素虽然不像化学因素那样直接对人体造成化学性损伤，但长期暴露于这些环境中也会对员工的健康产生不良影响。例如，长期处于高噪声环境可能导致听力下降；长时间处于高温环境可能引起中暑；电磁辐射可能对神经系统和生殖系统造成损害。

（三）生物因素

生物因素主要包括细菌、病毒、真菌等微生物及寄生虫等。这些生物因素在化工生产中虽然相对较少见，但一旦感染，往往会对员工的健康造成严重威胁。例如，某些化工原料可能携带致病微生物，员工在处理这些原料时如未采取防护措施，有可能被感染。

二、化工生产中的职业危害因素评估

对化工生产中的职业危害因素进行准确评估，是制定有效防护措施、保障员工健康的前提。职业危害因素评估主要包括暴露评估、风险评估和危害程度评估等方面。

（一）暴露评估

暴露评估是通过对员工接触职业危害因素的频率、持续时间、浓度等因素进行测定和分析，确定工人暴露于职业危害因素的水平。暴露评估是制定防护措施的重要依据，有助于企业了解工人实际接触职业危害因素的情况，从而有针对性地采取措施降低暴露水平。

（二）风险评估

风险评估是在暴露评估的基础上，对职业危害因素可能导致的健康损害进行预测和评估。风险评估需要综合考虑职业危害因素的种类、暴露水平、员工的健康状况和防护措施等因素，通过科学的方法对风险进行量化分析。风险评估的结果有助于企业了解职业危害因素对员工健康的影响程度，从而制定相应的风险控制措施。

（三）危害程度评估

危害程度评估是对职业危害因素对员工健康造成的实际损害程度进行评估。这需要通过收集和分析工人的健康监测数据、职业病发病情况等信息，对职业危害因素的危害程度进行客观评价。危害程度评估的结果有助于企业了解职业危害因素对工人健康的实际影响，为制定更加有效的防护措施提供科学依据。

三、加强化工生产中的职业危害因素识别与评估工作

为了更好地保障化工生产员工的健康，降低职业危害因素的影响，需要加强职业危害因素识别与评估工作。具体来说，可以从以下几个方面入手：

（一）建立健全职业危害因素识别与评估制度

企业应建立健全职业危害因素识别与评估制度，明确识别与评估的流程、方法和要求，确保工作有序开展。同时，应定期对制度进行审查和更新，以适应化工生产的变化和新的职业危害因素的出现。

（二）加强职业卫生培训

企业应加强对工人的职业卫生培训，提高他们对职业危害因素的认识和防护意识。培训内容应包括职业危害因素的种类、危害特点、防护措施等方面，使工人能够正确识别并应对职业危害因素。

（三）强化职业危害因素监测与报告

企业应建立职业危害因素监测与报告制度，定期对工作环境中的职业危害因素进行监测和检测，及时发现和处理潜在的安全隐患。同时，应鼓励工人积极报告职业危害因素的情况，以便企业及时采取措施进行改进。

（四）推广先进的防护技术和设备

企业应积极推广先进的防护技术和设备，提高防护措施的针对性和有效性。例如，可以采用自动化、智能化等技术手段减少员工与职业危害因素的直接接触；采用高效的防护用品和设备降低职业危害因素的暴露水平等。

化工生产中的职业危害因素识别与评估是一项复杂而重要的工作。通过加强制度建设、培训教育、监测报告和技术推广等方面的努力，我们可以更好地识别和评估职业危害因素，为化工生产的健康、安全和可持续发展提供有力保障。

第三节　职业危害的预防措施与控制方法

在化工生产过程中，职业危害的预防和控制是至关重要的。为了保障员工的身体健康和生命安全，必须采取一系列有效的预防措施和控制方法，以减少或消除职业危害因素对员工的影响。

一、工程控制措施

工程控制措施是预防职业危害的首要手段，通过改进生产工艺、优化设备设计、加强通风换气等方式，从根本上减少或消除职业危害因素的产生和扩散。

（一）改进生产工艺

采用先进的生产工艺和技术，减少有毒有害物质的产生和使用。例如，采用无毒或低毒原料替代有毒原料，使用清洁生产技术减少废气和废水的排放等。这不仅可以降低职业危害因素的产生，还能提高企业的经济效益和社会效益。

（二）优化设备设计

优化设备设计，减少设备的泄漏和排放。例如，采用密封性能好的设备和管道，防止有毒有害物质的泄漏；设置有效的排放控制系统，减少废气和废水的排放。同时，定期对设备进行维护和检修，确保其正常运行和性能稳定。

（三）加强通风换气

加强工作场所的通风换气，降低有害物质的浓度。通过合理设置通风口和排风扇，保持空气流通；对于特殊作业区域，如密闭空间或高浓度有害物质区域，应设置专门的通风设备，确保员工呼吸到新鲜空气。

二、个体防护措施

个体防护措施是预防职业危害的重要补充手段，通过佩戴个人防护用品，减少员工与职业危害因素的直接接触。

（一）佩戴防护用品

员工应根据作业环境和职业危害因素的特点，正确佩戴个人防护用品。例如，在接触有毒物质时，应佩戴防毒面具和防护手套；在噪声环境中作业时，应佩戴耳塞或耳罩等。同时，企业应定期对个人防护用品进行检查和更换，确保其有效性和适用性。

（二）规范作业行为

员工应严格遵守作业规范和安全操作流程，避免违规操作和冒险作业。例如，在搬运重物时，应使用正确的搬运姿势和工具；在处理有毒物质时，应遵守操作规范，避免直接接触和吸入。

（三）加强职业卫生培训

企业应加强对员工的职业卫生培训，提高他们对职业危害的认识和防护意识。培训内容应包括职业危害的种类、危害特点、防护措施等方面，使工人能够正确识别并应对职业危害因素。同时，企业还应建立健全职业卫生档案，记录员工的职业健康状况和防护措施执行情况，为职业危害的预防和控制提供有力支持。

三、管理控制措施

管理控制措施是预防职业危害的重要保障，通过建立健全管理制度、加强监督检查、开展职业健康监护等方式，确保职业危害的预防和控制措施得到有效执行。

（一）建立健全管理制度

企业应建立健全职业危害防治管理制度，明确各级管理人员和员工的职责和义务。制度应包括职业危害识别与评估、防护措施制定与实施、监督检查与考核等方面内容，确保职业危害防治工作有序开展。

（二）加强监督检查

企业应加强对职业危害防治工作的监督检查，确保各项措施得到有效执行。监督检查应包括对工作环境、设备设施、个人防护用品等方面的检查，以及对员工作业行为的监督。对于发现的问题和隐患，应及时整改和处理，防止事故的发生。

（三）开展职业健康监护

企业应定期对员工进行职业健康监护，了解他们的健康状况和职业病发病情况。对于疑似职业病或已确诊职业病的患者，应及时进行诊断和治疗，并采取相应的防护措施，防止病情的恶化和扩散。同时，企业还应建立职业病报告和统计制度，及时掌握职业病发病情况，为制定更有效的预防措施提供依据。

职业危害的预防措施与控制方法是一个系统工程，需要企业从工程控制、个体防护和管理控制等多个方面入手，采取综合措施，确保员工的身体健康和生命安全。同时，企业还应加强宣传教育，提高员工的安全意识和防护意识，共同营造安全、健康、和谐的工作环境。

第四节　职业健康监护与档案管理

职业健康监护与档案管理是化工生产中不可或缺的重要环节，它们共同构成了职业健康管理的基础。通过职业健康监护，可以及时发现员工的健康问题，预防职业病的发生；而档案管理则能够系统地记录和分析职业健康信息，为制定更为科学的防护措施提供依据。

一、职业健康监护

职业健康监护是指通过对员工进行定期的健康检查、职业病筛查和健康状况评估，及时发现和处理职业危害因素对员工健康的影响。它是保障员工健康权益、预防职业病发生的重要手段。

（一）健康检查

健康检查是职业健康监护的核心内容之一。通过定期对员工进行体格检查、生化检查、功能检查等，全面了解员工的身体状况，及时发现潜在的健康问题。对于发现的异常情况，应及时进行进一步的检查和诊断，确保员工的健康问题得到妥善处理。

（二）职业病筛查

职业病筛查是针对特定职业危害因素进行的专项检查。根据化工生产的特点，可以对员工进行尘肺病、职业中毒等职业病的筛查。通过筛查，可以尽早发现职业病患者的存在，采取相应的治疗措施，防止病情的恶化和扩散。

（三）健康状况评估

健康状况评估是对员工的整体健康状况进行综合评估。通过收集和分析员工的健康检查数据、职业病筛查结果等信息，评估员工的健康状态，为制定个性化的防护措施提供依据。同时，还可以根据评估结果，对员工的工作岗位和作业环境进行调整，降低职业危害因素的影响。

二、档案管理

档案管理是职业健康监护的重要组成部分，它是对职业健康信息的系统记录、整理和分析。通过档案管理，可以全面了解员工的职业健康状况，为制定科学的防护措施提供有力支持。

（一）档案建立

建立职业健康档案是档案管理的首要任务。每个员工都应建立独立的健康档案，记录其个人基本信息、职业史、健康检查记录、职业病筛查结果等内容。档案应使用统一的格式和标准，确保信息的准确性和对比性。

（二）档案更新

职业健康档案应随着员工的健康状况变化而不断更新。每次健康检查、职业病筛查或健康状况评估后，都应将相关结果记录到档案中。同时，对于员工的工作岗位变动、作业环境改变等情况，也应及时更新档案内容，确保档案的完整性和时效性。

（三）档案分析与利用

职业健康档案的分析与利用是档案管理的核心环节。通过对档案数据的统计和分析，可以了解员工的整体健康状况、职业病发病情况等信息，为制定防护措施提供依据。同时，还可以利用档案数据进行职业危害因素的研究和分析，为改进生产工艺、优化设备设计提供科学支持。

除此之外，职业健康档案还是维护员工权益的重要依据。在发生职业病争议或进行工伤认定时，档案中的记录可以作为有力的证据，保障员工的合法权益。

三、加强职业健康监护与档案管理的措施

为了进一步加强职业健康监护与档案管理，提高企业职业健康管理水平，可以采取以下措施：

（一）建立健全职业健康监护与档案管理制度

企业应制定详细的职业健康监护与档案管理制度，明确各项工作的流程和要求。制度应包括健康检查、职业病筛查、健康状况评估、档案建立与更新等方面的内容，确保职业健康监护与档案管理工作有序开展。

（二）加强人员培训

企业应加强对职业健康监护与档案管理人员的培训，提高他们的专业素养和业务能力。培训内容应包括职业健康知识、档案管理技能等方面，确保工作人员能够胜任工作。

（三）引入信息化技术

利用信息化技术可以提高职业健康监护与档案管理的效率和准确性。企业可以建立职业健康信息管理系统，实现健康数据的电子化存储和查询。同时，还可以利用大数据分析技术，对档案数据进行深度挖掘和分析，为制定更为科学的防护措施提供支持。

（四）加强与相关部门的合作

企业应加强与卫生、安全监督等相关部门的合作，共同推进职业健康监护与档案管理工作。通过信息共享、技术交流等方式，提高职业健康管理水平，共同维护工人的健康权益。

职业健康监护与档案管理是化工生产中不可或缺的重要环节。通过加强职业健康监护和档案管理工作，可以及时发现和处理职业危害因素对工人健康的影响，为制定更为科学的防护措施提供依据。同时，这也是保障工人健康权益、促进企业可持续发展的重要举措。

第五节　化工生产中的职业健康教育与培训

化工生产是一个高风险的行业，职业健康教育与培训对于保障工人健康、提高生

产效率、减少事故发生率具有至关重要的作用。下面将详细探讨化工生产中的职业健康教育与培训的重要性、主要内容及实施策略，以期为提高化工行业的职业健康管理水平提供有益的参考。

一、职业健康教育与培训的重要性

（一）提高员工职业健康意识

职业健康教育与培训是增强员工职业健康意识的有效途径。通过培训，员工能够深入了解化工生产中存在的职业危害因素、预防措施以及应急处置方法，从而提高自我保护意识和能力。

（二）预防职业病和工伤事故

职业健康教育与培训能够帮助员工掌握正确的操作技能和安全知识，有效预防职业病和工伤事故的发生。培训内容包括安全操作规程、个人防护用品的正确使用、应急逃生技能等，有助于降低事故风险。

（三）提升企业管理水平

加强职业健康教育与培训有助于提升企业的职业健康管理水平。通过培训，企业能够建立健全的职业健康管理制度，规范作业行为，提高生产效率，实现可持续发展。

二、职业健康教育与培训的主要内容

（一）职业危害识别与预防

培训员工识别和预防化工生产中的职业危害因素，包括有毒有害物质、噪声、振动、高温等。教授员工如何正确使用和维护个人防护用品，以及掌握紧急情况下的自救互救技能。

（二）安全生产法规与标准

向员工普及国家及地方的安全生产法规和标准，使员工了解自己在安全生产中的权利和义务。同时，培训员工如何遵守安全操作规范，确保生产过程的顺利进行。

（三）心理健康与职业适应

关注员工的心理健康状况，培训员工如何调整心态、缓解压力，提高职业适应能力。除此之外，还应关注员工的职业发展规划，为员工提供多元化的职业发展路径。

三、职业健康教育与培训的实施策略

（一）制订培训计划

企业应根据实际情况制订职业健康教育与培训计划，明确培训目标、内容、时间、方式等。培训计划应针对不同岗位、不同层次的员工制定个性化的培训方案，确保培训效果。

（二）采用多种培训方式

为增强培训效果，企业应采用多种培训方式，如课堂讲授、案例分析、实践操作、在线学习等。通过多样化的培训方式，使员工更加深入地了解职业健康知识，提高技能水平。

（三）加强培训师资力量

企业应选拔具有丰富经验和专业知识的职业健康培训师，确保培训内容的准确性和实用性。同时，定期对培训师进行培训和考核，提高培训师的教学水平和能力。

（四）建立培训考核机制

为确保培训效果，企业应建立培训考核机制，对员工的培训成果进行评估。考核机制可以包括考试、实操考核、问卷调查等多种形式，以全面了解员工的学习情况。对于培训不合格的员工，应进行再培训或调岗处理，确保员工具备相应的职业健康知识和技能。

（五）营造浓厚的职业健康氛围

企业应加强职业健康文化的建设，通过举办职业健康知识竞赛、宣传栏展示、安全月活动等形式，营造浓厚的职业健康氛围。同时，鼓励员工积极参与职业健康管理工作，提出改进意见和建议，共同推动企业的职业健康管理工作向前发展。

化工生产中的职业健康教育与培训对于保障员工健康、提高生产效率、减少事故发生率具有重要意义。企业应充分重视职业健康教育与培训工作，制订科学的培训计划，采用多种培训方式，加强培训师资力量，建立培训考核机制，营造浓厚的职业健康氛围。只有这样，才能确保化工行业的职业健康管理水平不断提高，为企业的可持续发展提供有力保障。

第九章 化工安全文化建设

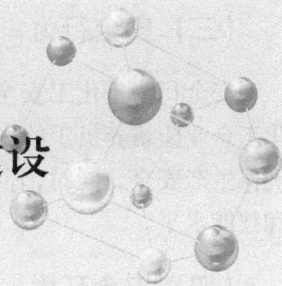

化工安全文化建设是化工企业长期安全稳定发展的基石，它涵盖企业的安全理念、安全行为、安全制度等多个方面。安全文化不仅是企业安全管理的核心，更是企业员工安全意识、安全行为和安全责任的集中体现。

第一节 化工安全文化的内涵与特点

化工安全文化作为企业文化的重要组成部分，是保障化工企业安全生产、预防事故发生、提升员工安全意识与行为规范的关键要素。它涵盖了化工企业在安全生产方面所形成的一系列理念、制度、行为及物质文化，对于提升化工企业的整体安全管理水平具有重要意义。下面将详细探讨化工安全文化的内涵与特点。

一、化工安全文化的内涵

化工安全文化是指化工企业在长期安全生产实践中，逐步形成的具有本企业特色的安全思想、安全意识、安全作风、安全行为规范、安全管理机制和安全规章制度等的总和。它体现了化工企业对安全生产的重视程度，以及员工对安全生产的认同感和责任感。化工安全文化的内涵主要包括以下几个方面：

（一）安全理念

安全理念是化工安全文化的核心，它体现了化工企业对安全生产的认识和态度。安全理念应贯穿于化工企业的生产经营全过程，成为企业发展的基石。化工企业应树立"安全第一、预防为主"的理念，强调安全生产的重要性，将安全作为企业发展的首要任务。

（二）安全制度

安全制度是化工安全文化的重要组成部分，它规定了化工企业在安全生产方面的行为准则和操作规范。安全制度应涵盖化工生产的各个环节，包括生产操作、设备维护、安全检查等方面。通过建立健全的安全制度，可以确保化工生产的安全有序进行。

（三）安全行为

安全行为是化工安全文化的外在表现，它体现了员工对安全生产的认识和态度。化工企业应培养员工的安全意识，使他们能够自觉遵守安全规章制度，规范操作行为，确保生产安全。同时，企业还应加强对员工的安全培训和教育，提高员工的安全素质和技能水平。

（四）安全环境

安全环境是化工安全文化的重要保障，它涉及化工企业的生产设施、安全设施及工作环境等方面。化工企业应投入足够的资源用于改善生产环境，提高设备的安全性能，降低事故发生的风险。同时，企业还应加强对生产环境的监测和管理，确保员工在良好的环境中工作。

二、化工安全文化的特点

化工安全文化具有鲜明的特点，这些特点使得化工安全文化在推动企业安全生产方面发挥着独特的作用。

（一）系统性

化工安全文化是一个系统工程，它涉及化工企业的各个方面和层次。从管理层到基层员工，从生产操作到设备维护，从制度建设到文化培育，都需要共同参与和推动。因此，化工安全文化的建设需要全面考虑、系统规划，确保各个环节相互衔接、协调一致。

（二）长期性

化工安全文化的建设是一个长期的过程，需要企业持续不断地投入和努力。安全文化的形成需要时间的积累和沉淀，不能一蹴而就。因此，化工企业应树立长期建设的思想，将安全文化建设纳入企业的长远发展规划中，持之以恒地推进。

（三）实践性

化工安全文化具有很强的实践性，它需要在化工企业的生产实践中不断得到检验和完善。安全文化的建设不能脱离实际，应紧密结合企业的生产特点和实际情况，制定切实可行的安全管理制度和措施。同时，企业还应注重对员工的安全实践培训教育，使员工能够在实际操作中不断提升安全意识和技能水平。

（四）创新性

化工安全文化需要不断创新和发展，以适应不断变化的安全生产形势和需求。随着化工技术的不断进步和生产工艺的日益复杂，新的安全问题和挑战也不断涌现。因此，化工企业应保持敏锐的洞察力和创新精神，不断探索新的安全管理理念和方法，推动安全文化的持续发展和进步。

化工安全文化具有丰富的内涵和鲜明的特点。通过深入理解和把握化工安全文化的内涵与特点，企业可以更有针对性地开展安全文化建设工作，提升员工的安全意识和行为规范，保障化工企业的安全生产和稳定发展。同时，化工安全文化的建设也是企业履行社会责任、树立良好形象的重要途径之一，有助于提升企业的社会声誉和竞争力。

第二节 化工安全文化的建设与推广

一、化工安全生产法律法规宣传与教育

化工安全生产法律法规宣传与教育在保障化工行业健康、稳定、可持续发展中扮演着至关重要的角色。它不仅关系到企业的经济利益，更与员工的生命安全、环境保护及社会稳定息息相关。因此，加强化工安全生产法律法规的宣传与教育，增强全员的安全意识和法律意识，是化工行业安全管理工作的重中之重。

（一）化工安全生产法律法规的重要性

化工安全生产法律法规是规范化工生产行为、保障生产安全、预防事故发生的重要依据。这些法律法规的制定和实施，旨在明确各级政府、企业、员工等各方在化工安全生产中的责任和义务，确保化工生产过程中的安全可控。同时，法律法规的宣传与教育也是增强全员安全意识和法律意识的有效途径，有助于形成人人关注安全、人人参与安全管理的良好氛围。

（二）化工安全生产法律法规宣传与教育的现状

目前，我国化工安全生产法律法规宣传与教育取得了一定的成效。各级政府和企业普遍重视安全生产法律法规的宣传工作，通过开展培训、讲座、宣传周等形式多样的活动，增强了员工的安全意识和法律意识。然而，仍存在一些问题，如部分企业对法律法规宣传教育的重视程度不够、宣传教育内容单一缺乏针对性等，这些问题制约了法律法规宣传教育效果的提升。

（三）化工安全生产法律法规宣传与教育的策略

1. 强化组织领导

企业应成立专门的安全生产法律法规宣传教育领导小组，负责制订宣传教育计划、组织实施和监督评估等工作。同时，要明确各级领导在宣传教育中的职责和任务，确保宣传教育工作的有序开展。

2. 丰富宣传教育内容

针对不同层次、不同岗位的员工，制定具有针对性的宣传教育内容。内容应包括法律法规的基本知识、安全生产的重要性、事故案例分析、安全操作技能等，以增强员工的安全意识和法律意识。

3. 创新宣传教育形式

采用多种形式进行宣传教育，如举办讲座、开展培训、制作宣传栏、制作短视频等，以吸引员工的注意力，提高宣传教育的效果。同时，可以利用现代信息技术手段，如网络平台、移动应用等，拓宽宣传教育的渠道和覆盖面。

4. 加强考核评估

建立健全考核评估机制，对宣传教育工作的实施效果进行定期评估。通过考核评估，可以了解宣传教育工作的不足之处，及时进行调整和改进，确保宣传教育工作取得实效。

（四）化工安全生产法律法规宣传与教育的实践案例

以某化工企业为例，该企业高度重视安全生产法律法规的宣传与教育工作。他们成立了专门的宣传教育领导小组，制订了详细的宣传教育计划。通过组织定期的讲座和培训，使员工深入了解安全生产法律法规的基本知识和要求。除此之外，他们还创新宣传教育形式，制作了生动有趣的短视频和宣传栏，吸引了员工的广泛关注。同时，该企业还建立了考核评估机制，对宣传教育工作的实施效果进行定期评估。通过这些措施的实施，该企业的员工安全意识和法律意识得到了显著提高，事故发生率也大幅下降。

化工安全生产法律法规宣传与教育对于保障化工行业安全、稳定、可持续发展具有重要意义。我们应充分认识到法律法规宣传与教育的重要性，加强组织领导、丰富宣传教育内容、创新宣传教育形式、加强考核评估等措施的实施，不断增强员工的安全意识和法律意识。只有这样，我们才能确保化工生产过程中的安全可控，为化工行业的健康发展贡献力量。

二、安全生产知识与技能培训

安全生产是化工行业的生命线，而安全生产知识与技能培训则是确保这一生命线稳固的关键环节。随着化工行业的快速发展和技术的不断进步，安全生产面临着前所未有的挑战。因此，加强安全生产知识与技能培训，增强员工的安全意识和技能水平，成为化工行业亟待解决的问题。

（一）安全生产知识与技能培训的重要性

1. 增强员工安全意识

通过安全生产知识与技能培训，可以使员工深入了解安全生产的重要性，认识到事故的危害性，从而增强自我保护意识，自觉遵守安全生产规章制度。

2. 预防事故发生

员工掌握了正确的安全生产知识和技能，就能够有效地识别和控制生产过程中的安全隐患，减少事故的发生，保障企业的正常运营。

3. 提升企业安全管理水平

通过培训，企业可以培养一支具备专业知识和技能的安全管理队伍，提升企业整体的安全管理水平，为企业的可持续发展提供有力保障。

（二）安全生产知识与技能培训的内容

1. 安全生产法律法规

培训员工了解和掌握国家及地方有关安全生产的法律法规，明确企业和员工在安全生产中的责任和义务。

2. 安全生产基础知识

培训员工掌握化工生产过程中的安全基础知识，如化学品的性质、危害及预防措施，安全设施的使用和维护等。

3. 事故应急处理

培训员工掌握事故应急处理的基本方法和程序，提高应对突发事件的能力。

4. 安全操作技能

针对化工生产岗位的特点，培训员工掌握正确的安全操作技能，减少操作失误导致的安全事故。

（三）安全生产知识与技能培训的方法与途径

1. 理论授课

通过课堂讲解、案例分析等形式，使员工掌握安全生产的基本理论和知识。

2. 实践操作

组织员工进行模拟演练、实地操作等实践活动，提高员工的安全操作技能。

3. 在线学习

利用网络平台，提供丰富的安全生产知识和技能培训资源，方便员工随时随地进行学习。

4. 定期考核

通过定期考核，检验员工对安全生产知识和技能的掌握情况，确保培训效果。

（四）安全生产知识与技能培训的实施策略

1. 制订培训计划

根据企业的实际情况和员工的需求，制订详细的安全生产知识与技能培训计划，明确培训目标、内容、时间和方式。

2. 建立培训机制

建立健全的培训机制，确保培训工作的持续性和有效性。包括培训的组织管理、师资力量的配备、培训效果的评估等。

3. 强化培训效果

通过多样化的培训方式和手段，激发员工的学习兴趣，增强培训效果。同时，加强培训后的跟踪和评估，确保员工能够真正掌握所学的知识和技能。

（五）安全生产知识与技能培训的实践案例

以某化工企业为例，该企业高度重视安全生产知识与技能培训工作。他们制订了详细的培训计划，并采用了多种培训方式，如理论授课、实践操作、在线学习等。通过培训，员工的安全意识和技能水平得到了显著提高。在实际生产过程中，员工能够准确地识别和控制安全隐患，减少了事故的发生。同时，企业还建立了完善的培训机制，确保培训工作的持续性和有效性。这些措施的实施，为企业的安全生产提供了有力保障。

安全生产知识与技能培训是化工行业不可或缺的一项工作。通过加强培训，我们可以增强员工的安全意识和技能水平，有效预防事故的发生，保障企业的正常运营和员工的生命安全。因此，我们应该高度重视安全生产知识与技能培训工作，不断完善培训内容和方式，提升培训效果，为化工行业的可持续发展贡献力量。

第三节 化工安全文化与企业发展的关系

一、安全文化建设与企业管理

安全文化是企业文化的重要组成部分，它体现了企业对安全生产的重视程度。安全文化建设与企业管理密切相关，良好的安全文化不仅能够提升企业的安全管理水平，还能够增强企业的凝聚力和竞争力。因此，加强安全文化建设，将其融入企业管理之中，对于化工行业的健康、稳定、可持续发展具有重要意义。

（一）安全文化的内涵与重要性

安全文化的重要性在于：

增强员工安全意识：安全文化能够引导员工树立正确的安全观念，增强安全意识，自觉遵守安全规章制度，减少安全事故的发生。

提升安全管理水平：安全文化建设能够推动企业管理体系的完善，提升企业的安全管理水平，创造更加安全、稳定的生产环境。

增强企业凝聚力：安全文化能够激发员工的归属感和责任感，增强企业的凝聚力和向心力，为企业发展提供有力支持。

（二）安全文化建设与企业管理的关系

安全文化建设与企业管理相辅相成，相互促进。一方面，企业管理为安全文化建设提供了有力的保障和支持，确保安全文化理念得以贯彻落实；另一方面，安全文化建设能够提升企业的管理水平，推动企业管理体系的不断完善。具体来说：

1. 企业管理为安全文化建设提供保障

企业管理通过制定安全规章制度、明确责任分工、加强监督考核等措施，为安全文化建设提供了有力的保障和支持。这些措施能够确保安全文化理念在企业内部得到广泛传播和深入贯彻落实。

2. 安全文化建设推动企业管理水平提升

安全文化建设注重培养员工的安全意识和行为习惯，能够推动企业管理体系的不断完善和优化。通过加强安全文化建设，企业可以更加有效地管理员工、提高生产效率、降低安全事故发生率，从而提升企业的整体管理水平。

（三）安全文化建设的策略与实践

1. 制订安全文化建设计划

企业应结合自身实际情况和发展需求，制订详细的安全文化建设计划。计划应包括明确的目标、具体的措施、实施的时间表等，以确保安全文化建设的有序推进。

2. 加强安全宣传教育

通过举办安全知识讲座、制作安全宣传栏、开展安全主题活动等形式，加强员工对安全文化的认识和理解。同时，还应鼓励员工积极参与安全文化建设活动，形成良好的安全文化氛围。

3. 完善安全管理制度

企业应建立健全的安全管理制度体系，包括安全生产责任制、安全操作规程、安全教育培训等。通过制度的完善和执行，确保员工在生产过程中的安全行为得到规范和约束。

4. 强化安全监督检查

企业应加大对安全生产的监督检查力度，定期对生产现场进行安全检查，及时发现和整改安全隐患。同时，还应建立安全事故报告和处理机制，对发生的安全事故进行深入分析和处理，防止类似事故的再次发生。

（四）安全文化建设与企业管理的实践案例

以某化工企业为例，该企业高度重视安全文化建设与企业管理的融合。他们制订了详细的安全文化建设计划，并通过多种形式加强员工的安全宣传教育。同时，企业还完善了安全管理制度体系，强化了安全监督检查力度。这些措施的实施使员工的安全意识得到了显著提升，安全事故发生率大幅下降。除此之外，安全文化的建设也推动了企业管理体系的不断完善和优化，提高了企业的整体管理水平。这些实践成果充分证明了安全文化建设与企业管理相结合的重要性和有效性。

安全文化建设与企业管理是化工行业发展中不可或缺的两个重要方面。通过加强安全文化建设并将其融入企业管理之中，可以增强员工的安全意识、提升企业的安全管理水平、增强企业的凝聚力和竞争力。因此，我们应充分认识到安全文化建设与企业管理的重要性，并付诸实践努力营造安全稳定的生产环境，为化工行业的可持续发展贡献力量。

二、安全生产责任与管理体系建设

在化工行业中，安全生产责任与管理体系建设是确保企业安全、稳定、高效运行的重要保障。随着市场竞争的日益激烈和技术水平的不断提升，建立健全的安全生产责任与管理体系已成为化工企业可持续发展的必然要求。下面将深入探讨安全生产责任与管理体系建设的内涵、重要性及实施策略，以期为化工行业的安全管理提供有益的参考。

（一）安全生产责任体系的建设

安全生产责任体系是明确企业各级领导、各部门及员工在安全生产中职责和权力的重要机制。其建设应遵循以下原则：

1. 明确责任主体

企业应明确各级领导、各部门及员工在安全生产中的具体职责和权力，确保责任到人、权力到位。

2. 落实层级管理

建立健全的层级管理体系，实现从上至下的责任传递和从下至上的信息反馈，确保安全生产责任的有效落实。

3. 强化考核机制

将安全生产责任纳入企业绩效考核体系，通过定期考核和奖惩机制，激发员工履行安全生产责任的积极性和主动性。

（二）安全生产管理体系的构建

安全生产管理体系是企业实现安全生产目标的重要保障。其构建应包括以下几个方面：

1. 制定安全管理制度

企业应结合自身实际情况和发展需求，制定完善的安全管理制度体系，包括安全生产责任制、安全操作规程、安全教育培训等。

2. 加强风险管理

建立健全的风险管理机制，定期开展风险评估和隐患排查，及时发现和整改安全隐患，降低事故发生的概率。

3. 完善应急管理体系

制定应急预案，加强应急队伍建设和应急物资储备，提高应对突发事件的能力。

（三）安全生产责任与管理体系的实践应用

为了确保安全生产责任与管理体系的有效实施，企业应采取以下措施：

1. 加强组织领导

成立专门的安全生产管理机构，负责安全生产责任制管理体系的推进和落实。

2. 强化培训教育

定期开展安全生产培训和教育活动，增强员工的安全意识和安全技能水平。

3. 加强监督检查

建立健全的监督检查机制，定期对安全生产责任和管理体系的执行情况进行检查和评估，确保各项措施得到有效落实。

（四）安全生产责任与管理体系建设的挑战与对策

在安全生产责任与管理体系建设过程中，企业可能面临以下挑战：

1. 责任落实不到位

部分员工对安全生产责任认识不足，导致责任落实不到位。对此，企业应加强宣传培训教育，明确责任要求，强化考核机制。

2. 管理体系不完善

部分企业的安全生产管理体系尚不完善，存在制度漏洞和管理空白。为此，企业应不断完善制度体系，加强风险管理和应急管理体系建设。

3. 监管力度不够

部分企业对安全生产责任与管理体系的监管力度不够，导致措施执行不力。为此，企业应加大监管力度，强化监督检查和问责机制。

安全生产责任与管理体系建设是化工企业实现安全生产目标的重要保障。通过明确责任主体、落实层级管理、强化考核机制等措施，建立健全的安全生产责任体系；通过制定安全管理制度、加强风险管理、完善应急管理体系等措施，构建完善的安全生产管理体系。同时，企业还应加强组织领导、强化培训教育、加强监督检查等措施的实施，确保安全生产责任与管理体系的有效落实。面对挑战，企业应积极采取对策，不断完善制度体系、加大监管力度、强化问责机制等，推动安全生产责任与管理体系建设的持续改进和提升。只有这样，才能确保化工企业的安全生产和可持续发展。

三、安全事故案例分析与经验总结

安全事故是化工生产过程中不可忽视的风险，对事故进行深入分析、总结经验教训，对于预防类似事故的再次发生具有重要意义。通过对安全事故案例的剖析，可以发现事故发生的根本原因，从而采取有效的防范措施，提升企业的安全生产管理水平。下面将选取典型的化工安全事故案例进行分析，并总结相关经验教训。

（一）安全事故案例分析

1. 某化工厂爆炸事故

事故概述：某化工厂在生产过程中发生爆炸，造成人员伤亡和财产损失。

事故原因：经调查发现，事故是由于生产过程中违规操作、设备老化等原因导致的。

经验教训：企业应加强对员工的安全教育培训，增强员工的安全意识；定期对设备进行维护和检查，确保设备处于良好状态；加强现场安全管理，严格执行安全生产规章制度。

2. 某化工厂泄漏事故

事故概述：某化工厂发生化学品泄漏事故，对周边环境造成污染。

事故原因：事故是由于设备密封不严、操作失误等原因导致的。

经验教训：企业应加强对设备的管理和维护，确保设备的密封性和稳定性；加强员工的安全培训，提高员工的操作技能和应急处置能力；建立完善的泄漏应急预案，及时应对类似事故的发生。

（二）安全事故的根源与防范措施

1. 人的因素

员工安全意识薄弱、操作不规范等是导致事故的重要原因。因此，企业应加强对员工的安全教育培训，增强员工的安全意识和操作技能。

2. 设备因素

设备老化、维护不当等也是导致事故的重要原因。企业应定期对设备进行维护和检查，确保设备处于良好状态。

3. 管理因素

安全生产管理体系不完善、安全监管不到位等也是导致事故的原因之一。企业应建立完善的安全生产管理体系和监管机制，确保各项措施得到有效落实。

（三）安全事故防范的对策与建议

1. 加强安全教育培训

企业应定期开展安全教育培训活动，增强员工的安全意识和操作技能水平。

2. 完善安全生产管理体系

企业应建立完善的安全生产管理体系和监管机制，明确各级领导、各部门及员工在安全生产中的职责和权力。

3. 强化现场安全管理

企业应加强对生产现场的安全管理，确保各项安全措施得到有效落实。

4. 加大安全投入

企业应加大对安全生产的投入力度，提高安全设施的配置水平和维护保障能力。

5. 加强应急救援体系建设

企业应建立完善的应急救援体系，提高应对突发事件的能力。

通过对典型化工安全事故案例的分析和总结，我们可以看到安全事故的发生往往与人的因素、设备因素和管理因素密切相关。为了防范类似事故的再次发生，企业应加强对员工的安全教育培训、完善安全生产管理体系和监管机制、强化现场安全管理、加大安全投入及加强应急救援体系建设。只有这样，才能确保化工企业的安全生产和可持续发展。同时，政府和社会各界也应加强对化工行业的监管和支持力度，共同推动化工行业的安全发展和转型升级。

第四节　化工企业安全生产教育与培训

一、安全生产教育与培训的创新与实践

随着科技的不断进步和化工行业的快速发展，传统的安全生产教育与培训方式已难以满足现代化工企业的需求。因此，探索安全生产教育与培训的创新与实践，提升员工的安全意识和技能水平，已成为化工企业面临的重要课题。下面将深入探讨安全生产教育与培训的创新方法与实践经验，为化工企业的安全发展提供有益参考。

（一）安全生产教育与培训的创新方法

1. 采用多元化教学手段

结合现代科技手段，如虚拟现实、增强现实等技术，模拟真实生产环境，使员工在沉浸式体验中掌握安全知识和技能。同时，利用在线教育平台，实现随时随地学习和互动交流。

2. 引入游戏化学习

通过设计富有趣味性和挑战性的安全知识游戏，激发员工的学习兴趣，提高学习效果。游戏化学习不仅能够让员工在轻松愉快的氛围中掌握知识，还能培养员工的团队协作和应急反应能力。

3. 个性化培训计划

根据员工的岗位职责和安全风险等级，制订个性化的培训计划。针对不同员工的需求和特点，提供定制化的学习资源和课程内容，确保培训效果的最大化。

4. 实践性与互动性相结合

在培训过程中注重实践操作和互动交流，组织员工参与模拟演练、案例分析等实践性活动。通过实际操作和讨论交流，加深员工对安全知识的理解和应用。

（二）安全生产教育与培训的实践经验

1. 建立持续学习机制

将安全生产教育与培训纳入企业的日常管理体系中，建立持续学习的机制。通过定期举办培训班、研讨会等活动，不断更新员工的安全知识和技能，确保员工始终保持高度的安全意识。

2. 强化师资力量

加强师资队伍建设，选拔具有丰富实践经验和专业知识的教师担任培训师。同时，

鼓励教师不断更新教学内容和方法，提高教学效果。

3. 评估与反馈机制

建立培训评估与反馈机制，对培训效果进行定期评估和总结。通过收集员工的反馈意见和建议，不断改进培训内容和方式，提高培训质量。

4. 激励机制与文化建设

将安全生产教育与培训与员工的绩效考核和职业发展相结合，建立激励机制。同时，通过企业文化建设等手段，营造全员关注安全、重视安全的良好氛围。

（三）安全生产教育与培训的挑战与对策

1. 技术更新与投入成本

随着科技的快速发展，企业需要不断更新教学手段和技术设备。对此，企业应加大投入力度，确保技术更新与培训需求相匹配。同时，积极寻求政府和社会支持，降低投入成本。

2. 员工参与度与学习效果

提高员工的参与度和学习效果是安全生产教育与培训的关键。企业应采用多种手段激发员工的学习兴趣，如设立奖励机制、开展竞赛活动等。同时，关注员工的学习需求和反馈，不断优化培训内容和方式。

3. 法律法规与标准变化

化工行业的法律法规和标准不断更新，企业需要密切关注相关变化并及时调整培训内容。为此，企业应加强与政府部门的沟通联系，及时了解最新政策和标准要求。同时，建立完善的培训体系和管理制度，确保培训内容的合规性和有效性。

安全生产教育与培训的创新与实践对于提升员工安全意识和技能水平具有重要意义。通过采用多元化教学手段、引入游戏化学习、制订个性化培训计划以及强化实践性与互动性等方法，可以有效增强培训效果。同时，建立持续学习机制、强化师资力量、完善评估与反馈机制以及建立激励机制与文化建设等实践经验也为化工企业的安全生产提供了有力保障。面对挑战和对策，企业应加大投入力度、提高员工参与度与学习效果并密切关注法律法规与标准变化以确保安全生产教育与培训工作的持续改进和提升。

二、安全生产教育与培训的效果评估与改进

在化工行业中，安全生产教育与培训是确保员工安全意识和技能水平持续提高的关键环节。然而，仅仅开展教育和培训活动并不足以保证效果，定期对其效果进行评估并根据评估结果进行改进至关重要。通过科学、系统评估与改进流程，企业可以确保安全生产教育和培训活动与实际需求相匹配，进而提升整体的安全生产水平。下面将详细探讨安全生产教育与培训的效果评估与改进方法，以期为化工企业的安全管理提供有益的参考。

（一）效果评估的目的与原则

1. 目的

效果评估的主要目的是了解教育和培训活动是否达到了预期目标，员工的安全意识和技能水平是否得到了提高，以及培训内容和方式是否与实际需求相匹配。通过评估，企业可以及时发现存在的问题和不足，为后续改进提供依据。

2. 原则

评估应遵循客观、公正、全面和可操作的原则。评估过程应基于实际数据和事实，避免主观臆断和偏见。同时，评估应涵盖教育和培训活动的各个方面，包括培训内容、方式、效果等。除此之外，评估方法应简单易行，便于操作和推广。

（二）效果评估的方法与步骤

1. 方法

常用的评估方法包括问卷调查、考试测试、实际操作考核等。问卷调查可以了解员工对培训内容和方式的满意度和反馈意见；考试测试可以检验员工对安全知识的掌握程度；实际操作考核可以评估员工在实际操作中的安全技能水平。

2. 步骤

评估步骤包括确定评估目标、选择评估方法、收集数据、分析数据和撰写评估报告等。企业应首先明确评估目标，然后选择合适的评估方法，收集相关数据和信息。接下来，通过对数据的分析和处理，得出评估总结和建议。最后，将评估结果以报告形式呈现，供企业管理层参考和决策。

（三）评估结果的应用与改进策略

1. 评估结果的应用

评估结果应作为改进教育和培训活动的重要依据。企业应根据评估结果对培训内容、方式、频率等进行调整和优化，以满足员工的实际需求和增强培训效果。同时，评估结果也可用于对培训师资的考核和激励，提高教师的教学质量和积极性。

2. 改进策略

针对评估中发现的问题和不足，企业应制定具体的改进策略。例如，针对员工对培训内容的不满意，可以调整课程结构和内容，增加实用性和趣味性；针对员工在实际操作中的不足，可以加强实践环节的训练和指导；针对培训方式的单一性，可以尝试引入新的教学手段和技术，如在线学习、虚拟现实等。

（四）持续改进与长效机制建设

1. 持续改进

安全生产教育与培训的效果评估与改进是一个持续的过程。企业应定期对教育和培训活动进行评估，并根据评估结果进行及时改进。同时，鼓励员工提出意见和建议，促进教育和培训活动的持续优化和创新。

2. 长效机制建设

为确保安全生产教育与培训工作的长效性和稳定性，企业应建立相应的长效机制。例如，制订完善的教育和培训计划，明确培训目标和内容；建立稳定的师资队伍，提高教师的教学水平和专业素养；加强与政府和社会各界的合作与交流，共同推动化工行业的安全发展。

安全生产教育与培训的效果评估与改进是化工企业提升员工安全意识和技能水平的重要手段。在未来的工作中，化工企业应进一步加强对安全生产教育与培训工作的重视和投入，不断完善评估与改进体系，为企业的安全生产和可持续发展提供有力保障。

三、安全生产教育与培训的资源整合与共享

在化工行业中，安全生产教育和培训资源的整合与共享对于增强培训效果、降低成本、促进知识交流具有重要意义。通过资源整合与共享，企业可以充分利用现有资源，避免资源浪费和重复建设，同时促进不同企业之间的交流与合作，共同提升化工行业的安全生产水平。下面将探讨安全生产教育与培训资源的整合与共享策略，以期为化工企业的安全管理提供有益参考。

（一）资源整合与共享的重要性

1. 增强培训效果

通过资源整合与共享，企业可以汇聚更多的优质教育资源，为员工提供更加丰富、多样的培训内容和方式。这有助于激发员工的学习兴趣，增强培训效果，从而提升员工的安全意识和技能水平。

2. 降低成本

资源整合与共享可以降低企业单独开展教育和培训活动的成本。通过共享师资、场地、教材等资源，企业可以减少投入，实现经济效益的最大化。

3. 促进知识交流

资源整合与共享为企业之间提供了一个交流和学习的平台。通过分享经验、案例和实践成果，企业可以相互学习、取长补短，共同推动化工行业的安全生产进步。

（二）资源整合与共享的策略与实践

1. 建立资源共享平台

企业应建立安全生产教育和培训资源的共享平台，将师资、课程、教材等资源进行整合和展示。通过平台，企业可以方便地获取所需资源，实现资源的快速流通和共享。

2. 开展合作与交流活动

企业应积极开展合作与交流活动，与其他企业、行业协会、研究机构等建立合作

关系。通过共同举办培训班、研讨会、讲座等活动，促进资源共享和知识交流。

3. 建立师资共享机制

企业应建立师资共享机制，将优秀的教师资源进行整合和共享。通过互派教师、共享教学经验和成果等方式，提高教师的教学水平和专业素养，为员工提供更加优质的培训服务。

4. 推动数字化资源建设

随着信息技术的发展，数字化资源建设已成为趋势。企业应积极推动数字化资源建设，将传统的教育和培训资源转化为数字化形式，方便员工随时随地进行学习。同时，通过数字化手段实现资源的快速传播和共享，提高资源的利用效率。

（三）资源共享的挑战与对策

1. 资源质量和标准化问题

在资源整合与共享过程中，如何确保资源的质量和标准化是一个重要挑战。对此，企业应建立严格的资源审核和评价机制，对共享的资源进行筛选和评估，确保资源的准确性和可靠性。同时，推动制定统一的资源标准和规范，促进资源的标准化和规范化管理。

2. 知识产权和保密问题

资源共享可能涉及知识产权和保密问题，需要引起企业的重视。在共享资源时，企业应明确知识产权归属和使用权限，尊重他人的知识产权成果。同时，对于涉及商业机密和敏感信息的资源，应采取加密、权限控制等安全措施，确保资源的安全性和保密性。

3. 合作机制与信任建立

资源共享需要企业之间的合作与信任。为了促进合作和信任的建立，企业应建立明确的合作机制和规则，明确各方的责任和义务。同时，通过加强沟通与交流、共同解决问题等方式，增进彼此之间的了解和信任，推动资源共享的深入发展。

然而，在资源共享过程中也面临着一些挑战和问题，如资源质量和标准化问题、知识产权和保密问题及合作机制与信任建立等。因此，企业需要采取相应的对策和措施来应对这些挑战和问题，确保资源共享的顺利进行。未来，随着技术的不断进步和行业的不断发展，我们相信安全生产教育与培训资源的整合与共享将会更加深入和广泛，为化工行业的安全生产和可持续发展提供有力支持。

四、安全生产教育与培训的政策导向与支持措施

安全生产教育和培训在化工行业中扮演着至关重要的角色，它不仅关系到员工的生命安全，也直接影响着企业的可持续发展。为了加强安全生产教育和培训，政府和企业需要制定和实施一系列的政策导向和支持措施。这些措施旨在增强员工的安全意识，增强他们的安全技能，从而确保化工生产过程中的安全。下面将详细探讨安全生产教育与培训的政策导向与支持措施，以期为化工行业的安全管理提供有益的参考。

（一）政策导向的作用与意义

1. 提供明确方向

政策导向为安全生产教育和培训提供了明确的方向和目标。它有助于确保教育和培训活动与国家的安全生产政策相一致，促进化工行业安全生产水平的整体提升。

2. 引导资源配置

政策导向可以引导企业和政府在安全生产教育和培训方面的资源配置。通过制定优先发展的领域和重点支持的项目，可以确保资源得到合理有效地利用。

3. 促进交流与合作

政策导向可以促进不同地区、不同企业之间的安全生产教育和培训交流与合作。通过分享经验、推广先进做法，可以共同提高整个行业的安全生产水平。

（二）政策导向与支持措施的具体内容

1. 制定法律法规

政府应制定和完善相关法律法规，明确安全生产教育和培训的责任和义务。同时，加大对违法行为的处罚力度，确保法律法规的有效执行。

2. 制定国家标准和规范

政府应制定安全生产教育和培训的国家标准和规范，明确培训内容、方式、评估标准等。这有助于确保教育和培训活动的质量和效果。

3. 提供财政支持

政府应提供财政支持，鼓励企业和机构开展安全生产教育和培训活动。例如，设立专项资金、提供税收优惠等，降低企业和机构的培训成本。

4. 建立激励机制

政府和企业应建立激励机制，对在安全生产教育和培训方面表现突出的个人和组织给予奖励和荣誉。这可以激发员工参与培训和学习的积极性，促进培训和活动的持续改进和创新。

5. 加强监管和评估

政府应加强对安全生产教育和培训活动的监管和评估。通过定期检查、评估、反馈等方式，确保教育和培训活动符合政策要求，及时发现和解决问题。

6. 推广先进技术和理念

政府和企业应积极推广先进的安全生产技术和理念，提高教育和培训活动的科技含量和实用性。例如，引入虚拟现实、在线学习等新技术手段，增强培训效果和吸引力。

（三）政策导向与支持措施的实施与挑战

1. 跨部门协调与合作

实施政策导向和支持措施需要多个部门和机构之间的密切协调与合作。政府应建立有效的协调机制，确保各部门之间的信息共享和资源整合。

2. 资源分配与利用

有限的资源如何在不同地区、不同企业之间进行合理分配和利用是一个挑战。政府和企业应根据实际情况制定优先级和重点支持方向，确保资源得到最有效地利用。

3. 持续更新与完善

随着科技的不断进步和化工行业的发展变化，政策导向和支持措施也需要不断更新和完善。政府和企业应定期评估现有政策的适用性和效果，及时进行调整和改进。

安全生产教育与培训的政策导向与支持措施对于提高化工行业的安全生产水平具有重要意义。政府和企业需要关注政策实施过程中的挑战和问题，并采取相应措施加以解决。通过共同努力和持续改进，我们可以期待化工行业在安全生产方面取得更大的进步和发展。

第五节　化工企业安全生产教育的发展趋势

一、安全生产教育与培训的国际合作与交流

（一）政策背景与意义

随着化工行业的快速发展，安全生产问题日益凸显。为了增强员工的安全意识和技能水平，确保生产过程的安全与稳定，政府和企业越来越重视安全生产教育与培训。政策导向与支持措施在这一过程中起着至关重要的作用。它们不仅能够引导企业和员工重视安全生产教育与培训，还能提供必要的资源和保障，推动教育和培训工作的有效开展。

政策导向是指政府通过完善法律法规、制订规划计划、制定政策措施等手段，对安全生产教育与培训进行引导和规范。支持措施则是指政府为企业和员工提供资金、技术、人才等方面的支持，帮助他们更好地开展安全生产教育与培训。这些政策导向与支持措施对于提高化工行业的安全生产水平具有重要意义。

（二）政策导向的具体内容

1. 法律法规的完善

政府应制定和完善与安全生产教育与培训相关的法律法规，明确企业和员工在安全生产方面的责任和义务。同时，加大对违法行为的处罚力度，形成有效的法律约束机制。

2. 规划计划的制订

政府应根据化工行业的发展趋势和安全生产需求，制订长期和短期的安全生产教育与培训规划计划。这些规划计划应明确培训目标、内容、方式、时间等要素，确保

教育和培训工作的系统性、连续性和针对性。

3. 政策措施的引导

政府可以通过制定政策措施，引导企业和员工重视安全生产教育与培训。例如，对开展安全生产教育与培训的企业给予税收优惠、资金补贴等政策支持；对表现突出的企业和个人进行表彰和奖励；对存在安全隐患的企业进行整改和处罚等。

（三）支持措施的具体内容

1. 资金支持

政府应设立专项资金，用于支持安全生产教育与培训工作的开展。这些资金可以用于购买培训设备、教材、聘请师资等。同时，政府还可以通过购买服务的方式，为中小企业提供安全生产教育与培训服务。

2. 技术支持

政府应鼓励和支持新技术、新方法在安全生产教育与培训中的应用。例如，利用虚拟现实、增强现实等技术手段开展模拟演练和实操训练；利用互联网、移动设备等手段开展在线学习和远程培训等。这些技术支持可以提高教育和培训的效果和质量。

3. 人才支持

政府应加强对安全生产教育与培训师资的培养和管理。通过设立师资培训基地、开展师资培训项目等方式，提高教师的专业素质和教学水平。同时，鼓励企业建立内部培训师队伍，提高员工的安全生产知识和技能水平。

4. 合作与交流支持

政府应搭建平台，促进不同地区、不同企业之间的安全生产教育与培训合作与交流。通过组织研讨会、论坛、培训班等活动，分享经验、交流信息、推广先进做法，共同提高整个行业的安全生产水平。

（四）政策实施与效果评估

为了确保政策导向与支持措施的有效实施，政府应建立完善的监督机制和评估体系。通过对企业和员工开展定期或不定期的监督检查和评估工作，了解教育和培训工作的实际情况和效果，及时发现和解决问题。同时，政府还应加强对政策执行情况的跟踪和反馈工作，及时调整和完善相关政策措施，确保政策导向与支持措施始终与化工行业的发展需求和安全生产形势相适应。

除此之外，政府还应鼓励社会各界积极参与安全生产教育与培训工作。通过广泛宣传和教育活动，提高公众对安全生产重要性的认识和关注度；通过社会监督和评价机制，推动企业和员工不断改进和提高自身的安全生产水平。

安全生产教育与培训是化工行业安全生产工作的重要组成部分。政府和企业应充分认识到其重要性，并采取有效的政策导向与支持措施加以推进。随着科技的不断进步和化工行业的不断发展变化，我们需要继续关注和研究新的安全生产教育与培训方法和手段，以适应新形势下的安全生产需求。同时，我们也需要进一步加强国际合作与交流，借鉴和学习国际先进的安全生产教育与培训经验和做法，共同推动全球化工行业的安全生产事业发展。

二、安全生产教育与培训的未来发展趋势与挑战

随着科技的飞速发展和化工行业的不断进步，安全生产教育与培训面临着前所未有的机遇与挑战。为了应对这些变化，我们需要深入探讨安全生产教育与培训的未来发展趋势，并识别其中的挑战，以确保化工行业的安全生产水平持续提高。

（一）未来发展趋势

1. 数字化转型

随着信息技术的快速发展，数字化转型已成为安全生产教育与培训的重要趋势。虚拟现实、增强现实和混合现实等技术的应用，将为安全生产培训提供更加逼真、沉浸式的体验。除此之外，大数据分析、人工智能等技术的应用，也将有助于精准识别培训需求，增强培训效果。

2. 个性化培训

随着员工需求的多样化，个性化培训逐渐成为安全生产教育与培训的新趋势。企业可以根据员工的岗位、技能水平、学习风格等因素，制定个性化的培训方案，以满足不同员工的需求。

3. 持续学习与培训

化工行业的技术和标准不断更新，要求员工必须持续学习和更新知识。因此，持续学习与培训将成为未来安全生产教育与培训的重要方向。企业需要建立完善的培训机制，确保员工能够随时获取最新的安全知识和技能。

4. 国际化发展

随着全球化进程的加速，安全生产教育与培训也逐渐向国际化发展。企业需要关注国际标准和最佳实践，加强与国际同行的交流与合作，以提高自身的安全生产水平。

（二）面临的挑战

1. 技术更新迅速

科技的快速发展使得安全生产教育与培训领域的技术不断更新换代。企业需要不断跟进新技术、新方法，以确保培训内容的先进性和实用性。然而，新技术的引入和应用往往需要投入大量的人力、物力和财力，这对企业构成了一定的挑战。

2. 培训效果评估

如何有效评估安全生产教育与培训的效果，一直是困扰企业的难题。传统的评估方法往往难以准确反映员工的实际能力和水平。因此，企业需要探索新的评估方法和技术手段，以更准确地评估培训效果。

3. 员工参与度

员工对安全生产教育与培训的参与度直接影响培训效果。然而，在实际操作中，

由于工作压力、培训内容枯燥等原因，员工往往对培训缺乏兴趣和积极性。因此，如何提高员工的参与度和学习兴趣，成为企业需要解决的重要问题。

4. 国际化标准的统一

随着国际化发展的加速，如何将不同国家和地区的安全生产标准与最佳实践进行统一和整合，是企业需要面对的挑战。企业需要关注国际标准的动态变化，加强与国际同行的交流与合作，以推动国际化标准的统一和普及。

(三) 应对策略与建议

1. 加强技术研发与应用

企业应加大对安全生产教育与培训领域的技术研发和应用力度，积极引进和推广新技术、新方法。同时，加强与高校、科研机构等合作，推动产学研一体化发展，提高技术创新能力和应用水平。

2. 完善培训效果评估体系

企业应建立完善的培训效果评估体系，采用多种评估方法和技术手段，全面、客观地评估员工的培训效果。同时，根据评估结果及时调整培训内容和方式，提高培训质量和效果。

3. 提高员工参与度与学习兴趣

企业应关注员工的学习需求和兴趣点，制定更加贴近实际、生动有趣的培训内容。同时，采用多种教学方式和手段，如案例教学、情景模拟等，激发员工的学习兴趣和积极性。

4. 推动国际化标准的统一与普及

企业应积极参与国际安全生产标准的制定和修订工作，加强与国际同行的交流与合作。同时，将国际标准与企业实际相结合，推动国际化标准的统一和普及，提高企业的安全生产水平。

安全生产教育与培训在化工行业中扮演着至关重要的角色。未来，随着科技的快速发展和行业的不断进步，安全生产教育与培训将呈现出数字化转型、个性化培训、持续学习与培训以及国际化发展等趋势。然而，同时也面临着技术更新迅速、培训效果评估困难、员工参与度低及国际化标准统一等挑战。为了应对这些挑战，企业需要加强技术研发与应用、完善培训效果评估体系、提高员工参与度与学习兴趣以及推动国际化标准的统一与普及。我们期待安全生产教育与培训能够不断创新和发展，为化工行业的安全生产提供更加坚实的保障。

三、安全生产教育与培训的社会责任与公众教育

安全生产不仅关系到企业的经济利益，更与公众的生命安全和社会稳定息息相关。因此，安全生产教育与培训不仅是企业的责任，也是社会的责任。下面将探讨安全生产教育与培训的社会责任及如何通过公众教育来推动这一目标的实现。

（一）安全生产教育与培训的社会责任

1. 保护员工生命安全

企业应为员工提供必要的安全生产教育和培训，确保他们了解并掌握安全操作规程，预防事故发生，从而保护员工的生命安全。

2. 维护社会稳定

化工事故的发生往往会对社会造成重大影响，甚至引发社会恐慌。通过加强安全生产教育与培训，减少事故发生的可能性，有助于维护社会的和谐稳定。

3. 促进可持续发展

安全生产是可持续发展的重要组成部分。通过提高安全生产水平，企业可以减少资源浪费和环境污染，实现经济效益和社会效益的双赢。

4. 履行企业社会责任

企业在追求经济利益的同时，也应积极履行社会责任。加强安全生产教育与培训，是企业履行社会责任的重要体现。

（二）公众教育的角色与重要性

1. 增强公众安全意识

通过公众教育，可以普及安全知识，提高公众对安全生产的认识和重视程度，从而在日常生活中更加注重安全。

2. 形成社会监督

公众对安全生产的关注和监督，可以促使企业更加重视安全生产工作，加强安全生产教育与培训。

3. 推动政策制定与完善

公众的意见和建议可以为政府制定和完善安全生产政策提供参考，从而推动安全生产工作的不断改进。

（三）实施策略与建议

1. 加强媒体宣传

利用电视、广播、报纸、网络等媒体平台，广泛宣传安全生产知识和事故案例，增强公众的安全意识。

2. 开展公益活动

组织安全知识讲座、应急演练等公益活动，吸引公众参与，提高他们的安全技能和应对能力。

3. 加强学校教育

将安全生产知识纳入学校教育体系，从小培养学生的安全意识，为未来的安全生产打下坚实基础。

4. 推动社区参与

鼓励社区开展安全生产相关的活动，如安全知识竞赛、安全文化节等，增强社区居民的安全意识和参与度。

（四） 案例分析与实践经验

国内外有许多成功的案例和实践经验可以借鉴。例如，一些化工企业通过与社区合作，开展安全生产宣传教育活动，不仅提高了员工和社区居民的安全意识，也增强了企业的社会责任感。除此之外，一些国家政府通过制定相关法律法规和政策措施，推动社会各界共同参与安全生产工作，取得了显著成效。

安全生产教育与培训的社会责任重大，需要企业、政府和社会各界共同努力。通过加强公众教育，增强公众的安全意识和参与度，可以推动安全生产工作的持续改进和发展。我们期待看到更多创新性的安全生产教育与培训模式和实践，为公众的安全和社会的和谐稳定做出更大贡献。同时，我们也应关注新技术、新方法在安全生产教育与培训中的应用，以不断提高教育和培训的效果和质量。

参考文献

［1］王嫒婧. 化工园区区域安全评价研究［D］. 太原：中北大学，2015.

［2］何勇. CMC 粉尘火灾爆炸风险分析及预防措施研究［D］. 广州：华南理工大学，2018.

［3］高伟伟. 地震、飓风、雷电等自然灾害对典型化工园区安全影响辨识与评价技术的研究［D］. 北京：北京化工大学，2018.

［4］朱晓莉. 化工园区区域评价方法的选择及风险分析［D］. 天津：天津理工大学，2016.

［5］王子曦. 精细化工园区消防安全评价体系研究［D］. 广州：华南理工大学，2013.

［6］刘瑜. 化工园区风险评价与控制研究［D］. 镇江：江苏大学，2011.

［7］王永兴. 基于多重危险源的化工园区重特大事故演化机理及防控策略［D］. 广州：华南理工大学，2018.

［8］翟健强. 加气站危险性研究［D］. 绵阳：西南科技大学，2018.

［9］曾明荣，吴宗之，魏利军，等. 化工园区应急管理模式研究［J］. 中国安全科学学报，2009，19（2）：172 – 176.

［10］杨用君，刘祖德，赵云胜. 我国危化品应急响应系统存在问题及改进［J］. 工业安全与环保，2007（12）：36 – 37.

［11］还义军. 化工园区安全评价的层次分析法研究［J］. 科技资讯，2016，14（36）：160 – 162.

［12］李艳萍，乔琦，柴发合，等. 基于层次分析法的工业园区环境风险评价指标权重分析［J］. 环境科学研究，2014，27（3）：334 – 340.

［13］赵军，梅晶. 层次分析法在化工园区应急能力评估中的应用［J］. 广东化工，2015，42（14）：72 – 74.

［14］周宁，孙权，魏钰人，等. 保护层分析在化工园区重大危险源事故风险分析中的应用［J］. 安全与环境工程，2015，22（3）：126 – 129.

［15］茹星瑶，押玉荣，张静，等. 微气泡臭氧催化氧化深度处理化工园区废水研究［J］. 工业水处理，2017，37（10）：57 – 60.

［16］何锐，张猛. 江苏省某化工园区污水处理厂技术改造工程设计［J］. 中国给水排水，2016，32（22）：82 – 84.

［17］陈金灿，陈永军，张权沛. MBBR 氧化沟/超滤/O₃ 工艺用于工业区污水厂提标改造［J］. 中国给水排水，2020，36（2）：69 – 73.

［18］韩小刚，韩立辉，陈星，等. AO/OAO/Fenton 两级生物法处理工业园区内焦化废水［J］. 中国给水排水，2019，35（2）：53 – 57.

［19］潘兴华，蔡国飞. Fenton + BAF 工艺在化工园区尾水深度处理中的应用［J］. 工业水处理，2018，38（10）：98 – 101.

［20］周鹏飞，雷睿，陈莉，等. 工业园区综合废水处理提标改扩建工艺设计及优化运行［J］. 中国给水排水，2016，32（20）：71 – 74.

[21] 曹国民, 孙霄, 盛梅, 等. Fenton 氧化工艺在某化工园区集中式污水处理厂升级改造工程中的应用 [J]. 化工环保, 2015, 35 (6): 609 – 613.

[22] 陈思莉, 江栋, 虢清伟等. UASB + A/O + Fenton 氧化处理工业园废水工程实例 [J]. 工业水处理, 2014, 34 (4): 84 – 85.

[23] 邬姝琰. 浅析油气储运工程中安全环保管理工作 [J]. 化工管理, 2014 (17): 275.

[24] 张兴龙. 油气储运中的管道防腐措施分析 [J]. 化工管理, 2019 (8): 156 – 157.

[25] 杨天蓉油气储运工程实施中的环保管理问题研究 [J]. 中国石油和化工标准与质量, 2013, 34 (2): 193.

[26] 肖刚, 殷文钢, 巩向鑫. 油品储运过程中油气蒸发损耗问题分析与对策探究 [J]. 中国石油和化工标准与质量, 2019, 39 (9): 35 – 36.

[27] 杨文玲, 吴赳, 郜子兴. 臭氧高级氧化技术在工业废水中的研究进展 [J]. 应用化工, 2018, 47 (5): 1030 – 1032.

[28] 彭澍晗, 吴德礼. 催化臭氧氧化深度处理工业废水的研究及应用 [J]. 工业水处理, 2019, 39 (1): 1 – 7.

[29] BRILLAS E. A review on the degradation of organic pollutants in waters by UV photoelectro – Fenton and solar photoelectro – Fenton [J]. Journal of the Brazilian Chemical Society, 2014, 25 (3): 393 – 417.

[30] GANZENKO O, HUGUENOTD, VAN HULLEBUSCH E D, et al. Electrochemical advanced oxidation and biological processes for wastewater treatment: a review of the combined approaches [J]. Environmental Science and Pollution Research, 2014, 21 (14): 8493 – 8524.

[31] SIRÉS I, BRILLAS E, OTURAN M A, et al. Electrochemical advanced oxidation processes: today and tomorrow [J]. Environmental Science and Pollution Research, 2014, 21 (14): 8336 – 8367.

[32] MOREIRA F C, SOLER J, FONSECA A, et al. Incorporation of electrochemical advanced oxidation processes in a multistage treatment system for sanitary landfill leachate [J]. Water research, 2015 (81): 375 – 387.